Delwendé Innocent Kiba

Urines et fèces humains pour la production agricole au Burkina Faso

Delwendé Innocent Kiba

Urines et fèces humains pour la production agricole au Burkina Faso

Une alternative à moindre coût pour la sécurité alimentaire en Afrique

Presses Académiques Francophones

Impressum / Mentions légales

Bibliografische Information der Deutschen Nationalbibliothek: Die Deutsche Nationalbibliothek verzeichnet diese Publikation in der Deutschen Nationalbibliografie; detaillierte bibliografische Daten sind im Internet über http://dnb.d-nb.de abrufbar.

Alle in diesem Buch genannten Marken und Produktnamen unterliegen warenzeichen-, marken- oder patentrechtlichem Schutz bzw. sind Warenzeichen oder eingetragene Warenzeichen der jeweiligen Inhaber. Die Wiedergabe von Marken, Produktnamen, Gebrauchsnamen, Handelsnamen, Warenbezeichnungen u.s.w. in diesem Werk berechtigt auch ohne besondere Kennzeichnung nicht zu der Annahme, dass solche Namen im Sinne der Warenzeichen- und Markenschutzgesetzgebung als frei zu betrachten wären und daher von jedermann benutzt werden dürften.

Information bibliographique publiée par la Deutsche Nationalbibliothek: La Deutsche Nationalbibliothek inscrit cette publication à la Deutsche Nationalbibliografie; des données bibliographiques détaillées sont disponibles sur internet à l'adresse http://dnb.d-nb.de.

Toutes marques et noms de produits mentionnés dans ce livre demeurent sous la protection des marques, des marques déposées et des brevets, et sont des marques ou des marques déposées de leurs détenteurs respectifs. L'utilisation des marques, noms de produits, noms communs, noms commerciaux, descriptions de produits, etc, même sans qu'ils soient mentionnés de façon particulière dans ce livre ne signifie en aucune façon que ces noms peuvent être utilisés sans restriction à l'égard de la législation pour la protection des marques et des marques déposées et pourraient donc être utilisés par quiconque.

Coverbild / Photo de couverture: www.ingimage.com

Verlag / Editeur:
Presses Académiques Francophones
ist ein Imprint der / est une marque déposée de
AV Akademikerverlag GmbH & Co. KG
Heinrich-Böcking-Str. 6-8, 66121 Saarbrücken, Deutschland / Allemagne
Email: info@presses-academiques.com

Herstellung: siehe letzte Seite /
Impression: voir la dernière page
ISBN: 978-3-8416-2131-3

Copyright / Droit d'auteur © 2013 AV Akademikerverlag GmbH & Co. KG
Alle Rechte vorbehalten. / Tous droits réservés. Saarbrücken 2013

Sommaire

Sommaire --- i
Remerciements --- v
Sigles et Abréviations -- vii
Liste des tableaux -- viii
Liste des figures --- ix
Résumé --- x
Abstract -- xii
INTRODUCTION 1
Chapitre 1 : Généralités sur l'Assainissement Ecologique et sur le cadre d'étude 4
   1.1- Généralités sur l'Assainissement Ecologique ----------------------------- 4
   1.1.1- Concept d'Assainissement Ecologique ----------------------------------- 4
   1.1.2- Fonctionnement de ECOSAN -- 4
   1.1.3- Risques et précautions d'utilisation des excréta humains en agriculture 5
   1.2- Généralités sur le cadre d'étude --------------------------------------- 6
   1.2.1- Situation géographique --- 6
   1.2.2- Conditions socio-économiques --- 6
   1.2.3- Conditions agro-écologiques -- 7
   1.2.3.1- Climat -- 7
   1.2.3.2- Hydrographie -- 9
   1.2.3.3- Végétation -- 9
   1.2.3.4- Sols -- 9
Chapitre 2 : Matériel et méthodes 10
   2.1- Matériel d'étude en milieu paysan ------------------------------------- 10
   2.1.1- Matériel végétal --- 10
   2.1.2- Sols -- 11
   2.1.3- Fertilisants minéraux -- 11
   2.1.4- Excréta humains --- 12

2.2- Méthodes d'étude en milieu paysan -------------------------------------- 12

2.2.1- Techniques de collecte et d'hygiénisation des excréta ------------------ 12

2.2.2- Dispositifs expérimentaux -- 13

2.2.2.1- Dispositif expérimental en culture maraîchère (Aubergine) ---------- 13

2.2.2.2- Dispositif expérimental en culture pluviale céréalière (Maïs) -------- 14

2.2.3- Techniques culturales appliquées --------------------------------------- 16

2.2.3.1- En culture maraîchère (Aubergine) ----------------------------------- 16

2.2.3.2- En culture céréalière (Maïs) --- 17

2.2.4- Echantillonnage des sols, des végétaux et des excréta ------------------ 18

2.2.5- Paramètres étudiés -- 19

2.2.5.1- Variables mesurées -- 19

2.2.5.2- variables calculées -- 20

2.3- Méthodologie utilisée en milieu contrôlé --------------------------------- 21

2.3.1- Essai en vase de végétation -- 21

2.3.2- Tests d'incubation -- 22

2.3.2.1-Dispositif d'incubation --- 22

2.3.2.2-Matériel d'incubation -- 22

2.3.2.3-Détermination de la Capacité Maximale de Rétention (CMR) -------- 23

2.3.2.4- Préparation du sol et mise en pot ---------------------------------- 23

2.3.2.5- indicateurs mesurés -- 24

2.4- Méthodes d'analyses au laboratoire -------------------------------------- 24

2.5- Analyse Statistique des données -- 25

Chapitre 3 : Résultats -Discussions 26

3.1 - Valeur agronomique des excréta humains et leurs effets sur les
productions agricoles en milieu paysan --------------------------------------- 26

3.1.1-Valeur agronomique des excréta humains -------------------------------- 26

3.1.1.1-Résultats -- 26

3.1.1.2-Discussion -- 27

3.1.2-Effets des urines sur la production des aubergines ----------------------- 28

3.1.2.1-Résultats -- 28

3.1.2.2-Discussion -- 31

3.1.3- Effets des urines sur la production du maïs ------------------------------ 32

3.1.3.1-Résultats -- 32

3.1.3.2-Discussion -- 35

3.1.4- Effets des fèces sur la production du maïs ------------------------------- 36

3.1.4.1-Résultats -- 36

3.1.4.2-Discussion -- 39

3.1.5- Effets combinés urine- fèces sur la production du maïs ---------------- 39

3.1.5.1-Résultats -- 39

3.1.5.2-Discussion -- 42

3.2- Conclusion --- 43

3.3- Effets des excréta humains sur le sol après les productions agricoles et efficiences de N et P apportés en milieu paysan -------------------------------- 43

3.3.1-Effets des urines après la production des aubergines ------------------- 43

3.3.1.1-Résultats -- 43

3.3.1.2-Discussion -- 44

3.3.2- Effets des urines après la production du maïs --------------------------- 45

3.3.2.1-Résultats -- 45

3.3.2.2-Discussion -- 47

3.3.3- Effets des fèces après la production du maïs --------------------------- 47

3.3.3.1-Résultats -- 47

3.3.3.2-Discussion -- 49

3.3.4- Taux de recouvrement et efficience de N-urines pour les aubergines - 49

3.3.4.1-Résultats -- 49

3.3.4.2-Discussion -- 50

3.3.5-Taux de recouvrement et efficience de P –urines et P-fèces pour le maïs
--- 51

3.3.5.1-Résultats -- 51

3.3.5.2-Discussion -- 52

3.4- Conclusion --- 53

3.5- Dose optimale d'urines pour la production des aubergines et évolution de l'azote des urines dans le sol : essais en milieu contrôlé (vase de végétation et incubation de sols) -- 54

3.5.1- Recherche d'une dose optimale d'urines pour la production d'aubergines -- 54

3.5.1.1-Résultats --- 54

3.5.1.2- Discussion -- 58

3.5.2- Evolution de l'azote des urines au cours d'incubation ------------------- 58

3.5.2.1-Résultats --- 59

3.5.2.2- Discussion -- 62

3.6- Conclusion -- 64

CONCLUSION GENERALE / RECOMMANDATIONS **65**

Bibliographie **68**

Remerciements

Ce travail est le couronnement de notre formation d'ingénieur à l'IDR de 2003 à 2005. Il a fait l'objet d'un partenariat entre l'IDR et l'INERA. Pendant notre formation et précisément pendant ce travail, nous avons bénéficié du concours de nombreuses personnes à qui nous voulons témoigner notre gratitude. Nous adressons nos remerciements :

- *Au Dr L.R. OUEDRAOGO chef de centre de l'INERA/Saria pour nous avoir accepté dans cette structure ;*
- *Au Dr S.J.B. TAONDA (ex chef de programme GRN/SP/Saria) et au Dr A. BARRO (actuel chef de programme) pour nous avoir accepté dans ce programme ;*
- *Au Dr M. BONZI, chercheur à l'INERA/Saria, notre maître de stage pour nous avoir assuré un encadrement scientifique efficace. Il a su par ses qualités humaines et son amour pour le travail, nous guider vers la Recherche Agronomique ;*
- *Au Dr B. BACYE, notre directeur de mémoire, pour ses critiques enrichissantes. Il a consacré son temps pour ce travail malgré ses multiples occupations ;*
- *A Monsieur Bégué DAO, notre co-directeur de mémoire pour ses conseils et critiques qui ont été d'un grand intérêt pour ce travail ;*
- *Au Dr H. Victor, chercheur à l'INERA/Kamboinsé et responsable du laboratoire Sol-Eau-Plante pour avoir autorisé nos travaux dans ce laboratoire ;*
- *Au Dr M.P. SEDOGO, chercheur à l'INERA/Kamboinsé pour ses suggestions à la réalisation du test d'incubation et pour ses conseils qui ont contribué à coller une étiquette scientifique à ce travail ;*
- *A Monsieur S. YOUL et au Dr H.S. KAMBIRE, chercheurs à l'INERA/Kamboinsé pour leur appui à l'analyse statistique des données ;*

- *Au Dr J. BELEM chercheur au département production maraîchère de l'INERA/Kamboinsé pour ses conseils lors de la mise en place de l'expérimentation sur les aubergines ;*
- *A Monsieur N. OUANDAOGO, responsable technique du laboratoire Sol-Eau-Plante de l'INERA/Kamboinsé pour avoir supervisé nos travaux de laboratoire ;*
- *Aux techniciens de l'INERA /Saria, SANON Martin et COULIBALY Dofinita avec qui nous avons formé une équipe très dynamique pour nos travaux de terrain à Saaba ;*
- *Aux techniciens du laboratoire de l'INERA/Kamboinsé : RAMDE Martin, MOYENGA Momouni, BANDAOGO Adama, KABORE Jean Paul, OUEDRAOGO Alain pour leur appui à nos travaux ;*
- *A tout le personnel de l'INERA/Saria et Kamboinsé pour l'hospitalité manifesté à notre égard ;*
- *A tout le corps enseignant de l'IDR pour nous avoir assuré une formation de qualité ;*
- *Aux camarades stagiaires de Saria (DAYAMBA Djibril ; OUEDRAOGO Mathieu) et de Kamboinsé (TOPAN S. Mariam ; CESSOUMA Bamadou ; KOITA Estelle ; DAO Abdoulaye) pour la bonne cohabitation ;*
- *A tous nos camarades de classe particulièrement : OUEDRAOGO Télesphore, BONOGO Victor, KIENOU Blaise, DIMA Hyacinthe, ZIDOUEMBA Honoré, SAWADOGO Adama, ZIDA Moussa, BATIEBO Louise, pour l'ambiance conviviale durant cette formation ;*
- *A tous nos parents et amis pour le soutien moral durant notre parcours scolaire ;*
- *Aux braves paysans de Saaba pour avoir cru et participé à notre travail.*

Que Dieu exhausse les vœux de tout un chacun !

Sigles et Abréviations

BUNASOLS : Bureau National des Sols

CREPA :   Centre Régional pour l'Eau Potable et l'Assainissement à faible coût

ECOSAN : Assainissement Ecologique

FMV :   Fumure Minérale Vulgarisée

GRN/SP : Gestion des Ressources Naturelles et Systèmes de Productions

IDR :   Institut du Développement Rural

INERA :   Institut de l'Environnement et de Recherches Agricoles

SAFGRAD: Semi-Arid Food Grain Research and Development

TSP :   Triple Super Phosphate

Liste des tableaux

Tableau 1 : Caractéristiques chimiques du sol de départ des deux sites 11

Tableau 2 : Caractéristiques chimiques des urines 26

Tableau 3 : Caractéristiques chimiques des fèces 27

Tableau 4 : Taux de reprise des plants d'aubergine après apport des fertilisants ... 29

Tableau 5 : Effet des fertilisants sur le nombre de fruits, le poids moyen d'un fruit et les rendements fruits et biomasse de l'Aubergine 30

Tableau 6 : Effets des différentes doses d'urines sur la levée et la hauteur des plants de maïs 33

Tableau 7 : Effets des urines sur les composantes du rendement et les rendements du maïs 34

Tableau 8 : Effets des fèces sur la levée et la hauteur des plants de maïs 36

Tableau 9 : Effets des fèces sur les composantes du rendement et les rendements du maïs 37

Tableau 10 : Effets du traitement mixte urine-fèces sur la levée et la hauteur des plants de maïs 40

Tableau 11 : Effets du traitement mixte urine- fèces sur les composantes du rendement et les rendements du maïs 41

Tableau 12 : Effets des fertilisants sur le bilan chimique du sol après les aubergines 44

Tableau 13 : Effets des urines sur le bilan chimique du sol après le maïs 46

Tableau 14 : Effets des fèces sur le bilan chimique du sol après le maïs 48

Tableau 15 : Teneur en N des fruits, taux de recouvrement de N et efficience du kg de N pour les aubergines 50

Tableau 16 : Taux de recouvrement de P et efficience du kg de P pour le maïs 51

Liste des figures

Figure 1 : Variabilité inter-annuelle de la pluviométrie de Saaba (1994-2004) 8

Figure 2 : Variabilité intra-annuelle de la pluviométrie de Saaba (2004 et 1994 - 2004) 8

Figure 3 : Effets des urines sur le nombre de fruits par récolte de l'Aubergine 31

Figure 4 : Taux de reprise des aubergines en fonction des traitements 55

Figure 5: Effets des doses d'urines sur la croissance en hauteur de l'Aubergine ... 56

Figure 6 : Effets des doses d'urines sur la croissance en diamètre de l'Aubergine 57

Figure 7 : Influence des traitements sur la floraison de l'Aubergine 57

Figure 8 : Evolution de la teneur en NH_4^+ des sols au cours de l'incubation 60

Figure 9 : Evolution de la teneur en NO_3^- des sols au cour de l'incubation 61

Figure 10 : Evolution du pH des sols au cours de l'incubation 62

Résumé

Le nouveau concept ECOSAN considérant les excréta humains comme une source de nutriments en agriculture peut être une approche mieux indiquée pour les pays en voie de développement comme le Burkina Faso. En effet, le faible niveau de productivité des sols et le manque d'assainissement avec son corollaire de maladies constituent une contrainte majeure au développement. Des urines et fèces humains collectés à Saaba ont été testés respectivement comme source d'azote et de phosphore à 3 doses sur l'aubergine et le maïs, en comparaison avec la fumure minérale vulgarisée. Notre objectif est de : (1) déterminer la valeur fertilisante des excréta hygiénisés ; (2) montrer l'impact des excréta humains sur la productivité des cultures et sur les propriétés chimiques des sols ; (3) déterminer les quantités optimales des excréta humains pour une meilleure production agricole ; (4) évaluer le taux de recouvrement de l'azote et du phosphore apporté par les excréta humains. Un bloc Fisher a été utilisé pour le maïs en milieu paysan avec 10 traitements et un bloc complet randomisé pour l'aubergine avec 4 traitements en milieu paysan et 6 traitements en milieu contrôlé. Les résultats montrent que 1 kg de fèces hygiénisés contient 34 g de N-total, 15 g de P-total, et 22 g de K-total, avec un pH basique de 8,2 et un rapport C/N de 16. Les urines hygiénisées contiennent par litre, 2,7 g de N-total, 0,37 g de P-total, 0,32 g de K-total avec un pH basique de 8,9. En matière de rendements, les urines sont compétitives à la fumure minérale à une dose de 17185 litres ha^{-1} pour l'aubergine et 61110 litres ha^{-1} pour le maïs. Une dose de 980 kg ha^{-1} de fèces est mieux indiquée pour le maïs. Les urines peuvent être utilisées comme engrais d'entretien et les fèces comme amendement à 980 kg ha^{-1}. Le taux de recouvrement de N-urines est significativement plus élevé que celui de N-engrais et la combinaison urines – fèces améliore significativement le taux de recouvrement de P. Nous avons par ailleurs montré par des tests d'incubation, que la dilution des urines à 100 % permet une meilleure nitrification et optimise le pH du milieu. En perspective, ces résultats demandent d'être confirmés et vulgarisés par la suite. Les communautés notamment rurales doivent s'approprier cette technologie pour une amélioration de leur revenu, dans un environnement sain.

Mots clés : ECOSAN, Excréta humains, Azote, Phosphore, Maïs, Aubergine, Burkina Faso.

Abstract

The new concept ECOSAN, considering human waste as nutrient supply in agriculture could be a better advisable approach for developing countries like Burkina Faso. Indeed, low soils productivity and the lack of sanitation services with diseases as consequences are major constraints to the development. Human faeces and urines collected at Saaba (village of Burkina Faso) have been respectively tested as nitrogen and phosphorus supply at 3 doses on eggplant and maize compared to the popularized water soluble mineral fertilizer. Our objective was to : (1) determine the fertilizing value of sanitized excreta ; (2) point out human excreta effect on crops productivity and soils chemical properties ; (3) determine optimal doses of human excreta for a better agricultural production ; (4) establish the recovery rate of nitrogen and phosphorus brought by human excreta. A Fisher block has been used as the experimental design implemented in farmers' fields for maize production, with 10 treatments while a complete randomized block was implemented for eggplant with 4 treatments in farmers' fields and 6 treatments in a research station. The results showed that 1 kg of faeces contains 34 g of total-N, 15 g of total-P and 22 g of total-K, with an alkaline pH of 8.2 and a C/N ratio of 16. One litre of sanitized urines contains 2.7 g of total-N, 0.37 g of total-P, 0.32 g of total -K with an alkaline pH of 8.9. Regarding crop yields, urines are competitive with mineral fertilizer at a dose of 17185 litres ha^{-1} for eggplant and 61110 litres ha^{-1} for maize. A dose of 980 kg ha^{-1} of faeces is better advisable for maize. Urines could be used as water soluble mineral fertilizer immediately available for plants whereas faeces could be used as amendment at 980 kg ha^{-1}. The recovery rate of urines-N is significantly higher than that of fertilizer-N and combining urines and faeces improves significantly the recovery rate of P. We otherwise disclosed by incubation experiment that urine dilution at 100 % allows better nitrification and optimizes soil pH. In perspectives, those results have to be confirmed and popularized afterwards. Rural population could use such technology to improve their income in a healthy environment.

Key words: ECOSAN, Human waste, Nitrogen, Phosphorus, Maize, Eggplant, Burkina Faso.

INTRODUCTION

Le développement d'un pays n'est effectif que lorsque l'on prend en compte la notion de durabilité et aussi l'amélioration du cadre de vie des populations (revenus, suffisance alimentaire, assainissement etc.). Or, dans plusieurs pays africains l'insalubrité est très perceptible partout. Le Burkina Faso connaît des difficultés dans la collecte, et le traitement des excréta humains. Le péril fécal demeure un problème de santé publique (CREPA, 2003). Dans les pays pauvres d'Afrique, la notion de durabilité repose sur l'agriculture et très peu sur l'industrie. L'une des difficultés majeures qui se pose à la production agricole dans les pays en voie de développement comme le Burkina Faso est le maintien de la fertilité des sols en condition de culture permanente. La plupart des sols de l'Afrique subsaharienne et plus précisément ceux des zones arides et semi-arides sont dans un état d'altération avancé et présentent un déficit en éléments nutritifs (Pieri, 1989). Pourtant, les quantités d'éléments nutritifs présents dans le sol au cours du cycle cultural déterminent la qualité de la nutrition minérale des plantes et en grande partie les rendements quantitatifs des cultures (Bacyé, 1993). Les déficits en éléments nutritifs et spécialement en azote et en phosphore deviennent sévères et les rendements déclinent de façon dramatique. Cette situation accroît la pauvreté des agriculteurs et menace même leur existence (Compaoré et Sedogo, 2002). La culture continue imposée par la pression démographique a supprimé la pratique de la jachère qui, jadis permettait la reconstitution naturelle de la fertilité des sols. Pour l'instant, les alternatives possibles à la jachère sont entre autres l'utilisation de la matière organique (fumier, compost) et l'emploi des engrais minéraux. Cependant, force est de reconnaître que ces pratiques sont limitées par : (1) la non disponibilité du fumier suite à la difficulté d'intégration de l'agriculture à l'élevage ; (2) le prix exorbitant et sans cesse croissant des engrais minéraux ; (3) le faible revenu des producteurs. Ces limites conduisent à une fertilisation marquée par l'utilisation exclusive des engrais minéraux et l'utilisation de sous doses d'engrais, pouvant causer au niveau du sol des déséquilibres chimiques.

L'utilisation des engrais chimiques surtout azotés et phosphatés pose souvent des risques de pollution des nappes et d'eutrophisation des eaux (Bado, 1994 ; Bonzi *et al.*, 2004).

Dans une situation d'insécurité alimentaire, marquée par la baisse du niveau de fertilité des sols, la hausse des prix des engrais sur le marché et la pollution de l'environnement, il devient impératif de rechercher d'autres sources de nutriments pouvant permettre une agriculture durable.

Dans certains pays, les excréta humains sont utilisés en agriculture comme source de nutriments (Esray, 2001) : au Japon, la pratique du recyclage des urines et fèces humains remonte depuis le $12^è$ siècle ; en Suède, les fermiers collectent les urines humaines et les répandent sur leurs champs ; au Mexique, les urines humaines sont utilisées pour la production de légumes.

En Afrique et particulièrement au Burkina Faso, la valorisation des excréta humains en agriculture est un concept sur lequel peu d'études sont disponibles. Ce récent concept dénommé ECOSAN (Assainissement Ecologique) est un programme opérationnel dans 7 pays africains que sont : le Burkina Faso, la Côte d'Ivoire, le Sénégal, le Togo, la Guinée, le Mali, le Bénin. Au Burkina Faso, le programme est exécuté en partenariat entre le CREPA et l'INERA dans sa composante « valorisation agronomique des excréta ». C'est dans ce cadre que nous avons travaillé avec l'INERA sur le thème : « Valorisation agronomique des excréta humains : utilisation des urines et fèces humains pour la production de l'Aubergine (*Solanum melongena*) et du Maïs (*Zea mays*) dans la zone centre du Burkina Faso ».

Nous partons de deux hypothèses à savoir : (1) les excréta humains constituent une source importante de fertilisants pour élever la productivité des sols et (2) l'utilisation des excréta humains est une alternative peu onéreuse par rapport à l'emploi des engrais chimiques. Ces hypothèses permettront de rechercher les réponses aux objectifs suivants : (1) déterminer la valeur fertilisante des excréta hygiénisés ; (2) montrer l'impact des excréta humains sur la productivité des cultures et sur les propriétés chimiques des sols ; (3) déterminer les quantités optimales des excréta humains pour une meilleure production ; (4) évaluer le taux de recouvrement de l'azote et du phosphore apporté par les excréta humains.

Le mémoire est présenté en trois chapitres :

- un premier chapitre traitant des généralités sur ECOSAN et sur le cadre de l'étude ;
- un deuxième chapitre traitant du matériel et méthodes utilisés ;
- un troisième chapitre dans lequel nous présentons les résultats, les discussions et les conclusions suscitées.

Chapitre 1 : Généralités sur l'Assainissement Ecologique et sur le cadre d'étude

1.1-Généralités sur l'Assainissement Ecologique

1.1.1- Concept d'Assainissement Ecologique

Selon Adissoda *et al.* (2004), l'Assainissement Ecologique se définit comme une nouvelle approche intégrée de la gestion des déchets solides et liquides. Elle est fondée sur la réutilisation et la conservation des ressources naturelles. Elle a pour objectif de préserver la santé humaine d'augmenter la fertilité des sols et de réduire les nuisances causées à l'environnement. Mustin, (1987) parlant d'Assainissement individuel avance qu'il apparaît comme un facteur important du maintien de la qualité des eaux souterraines qui peuvent être contaminées par les germes pathogènes. Pour Singare (2002), les principaux objectifs de l'Assainissement sont de trois types à savoir : (1) la protection de la santé, (2) l'amélioration des conditions de vie, (3) la protection de l'environnement. L'amélioration des conditions de vie d'une population passe obligatoirement par la collecte et le traitement des excréta qui sont susceptibles de transmettre des maladies directement ou de polluer les ressources en eau disponibles. Esray *et al.* (2001) avancent que l'Assainissement Ecologique considère les excréta humains comme une ressource qui doit être recyclée plutôt que comme un déchet à évacuer.

1.1.2- Fonctionnement de ECOSAN

Le principe des latrines ECOSAN décrit par Adissoda *et al.* (2004) est basé sur la séparation des urines et des matières fécales. Les urines sont stockées dans un bidon pour être utilisées comme engrais liquide en agriculture. Les matières fécales sont collectées dans la fosse et sont déshydratées sous l'effet de la chaleur. Elles sont ensuite utilisées dans l'agriculture comme fertilisants organiques. Esray *et al.* (2001), décrivent trois manières de récupérer les ressources contenues dans les urines :

- la dérivation, lorsque l'urine est détournée des selles, elles ne sont jamais mélangées ;
- la séparation, lorsque l'urine et les selles sont mélangées puis séparées ;
- la transformation combinée, les urines et les selles sont mélangées et transformées ensemble et leurs ressources sont récupérées ensemble.

Dans cette étude, on se situe dans le premier cas à savoir la récupération par dérivation.

1.1.3- Risques et précautions d'utilisation des excréta humains en agriculture

Pour Esray *et al.* (2001), l'urine est en général stérile et ne constitue un danger que dans certains cas. Les pathogènes les plus fréquents existant dans l'urine peuvent provoquer la typhoïde, la paratyphoïde et la bilharziose. Les selles sont la source principale des pathogènes de la typhoïde et de la paratyphoïde. Tous les germes pathogènes et les parasites ne sont pas mortels mais prédisposent les populations à être constamment malades, fragiles et amènent à la mort par d'autres causes. Adissoda *et al.* (2004) avancent que le temps de stockage recommandé pour les urines est de 2 mois avant utilisation. Après 1 mois de stockage, seuls les virus survivent et après 6 mois de stockage, il n'y a probablement plus de virus dans les urines.

Selon les mêmes auteurs, la matière fécale ne contient plus de germes pathogènes après une année de stockage et séchage dans la fosse. En effet, ces germes ne survivent pas dans un milieu déshydraté.

Les urines doivent être collectées en conditions d'anaérobie pour éviter les pertes en azote. En outre, pour ces auteurs, l'utilisation des urines est recommandée sur les cultures destinées à l'alimentation humaine, à condition qu'il n'y ait pas de contact direct avec l'urine (ex. céréales, fruits). Par contre elles sont recommandées sur les cultures destinées à l'alimentation animale qu'elles que soient les conditions. Esray *et al.* (2001) avancent que : « la plus grande partie de l'azote contenue dans les urines initialement sous forme d'urée est rapidement transformée en ammoniac à l'intérieur d'un récipient de collecte et de stockage. Cependant, la quantité d'ammoniac perdue dans l'air peut être réduite par un stockage dans un réservoir couvert avec une ventilation restreinte. Gonidanga *et al.* (2004) ont montré que pour les urines, un temps de stockage d'une semaine est suffisant pour observer l'inactivation des coliformes fécaux et 4 semaines pour celles des streptocoques fécaux. Aussi ces auteurs ont montré que la déperdition de l'azote est faible lorsque les urines sont stockées dans des conditions anaérobies et par contre dans des conditions aérobies, la teneur en azote subit des pertes d'environ 38 % au bout de 45 jours de stockage.

1.2-Généralités sur le cadre d'étude

1.2.1- Situation géographique

La majeure partie de cette étude a été menée en milieu paysan à Saaba. Le département de Saaba est situé à une dizaine de kilomètres de Ouagadougou entre 01°25'10'' de longitude ouest et 12°21'46'' de latitude nord ; il est limité :
- à l'ouest par la ville de Ouagadougou ;
- au nord par les départements de Loumbila et de Ziniaré;
- à l'est par le département de Nagréongo;
- au sud par le département de Koubri.

1.2.2-Conditions socio-économiques

Selon le recensement général de la population (1996), le département de Saaba compte 35668 habitants avec 50,73 % de femmes et 49,27 % d'hommes (CREPA, 2003). La densité de la population est de 68 habitants/km^2, contre 43 habitants/km^2 pour la densité nationale. La population est composée essentiellement de deux ethnies : les mossis, groupe majoritaire et les peuhls. La population active estimée à 98,25 % est concentrée dans le secteur de la production (agriculture, élevage) qui reste le secteur économique dominant.

La proximité du département avec la ville de Ouagadougou fait que les terres cultivables sont insuffisantes. Ce qui amène les populations à se déplacer en saison pluvieuse vers les départements de Koubri, Ziniaré et Loumbila.

L'agriculture dans le département de Saaba est essentiellement basée sur les cultures vivrières (sorgho, mil, maïs). Ces produits sont surtout destinés à l'autoconsommation. Néanmoins, de petites quantités font l'objet de transactions commerciales sur les marchés du département afin de faire face aux différentes charges sociales. Les cultures maraîchères pratiquées en saison sèche fournissent au département une quantité importante et variée de légumes (aubergines, choux, oignons, courges, tomates, concombres, poivrons, carottes) constituant une importante source de revenus.

1.2.3- Conditions agro-écologiques

1.2.3.1- Climat

Le climat est du type soudano-sahélien avec deux saisons (Guinko, 1984) : une saison sèche de la mi-octobre à la mi-mai, une saison pluvieuse de la mi-mai à la mi-octobre, dominée par la mousson porteuse de pluies.

Le vent dominant est l'harmattan, les températures varient entre 17°C et 40°C.

Les pluviométries moyennes des dix dernières années connaissent des variations, leur moyenne qui est de 695 mm (figure1) reste inférieure à la moyenne de la zone qui est de 800 mm. La pluviométrie de l'année 2004 a connu une mauvaise répartition dans le temps (figure 2). En effet, on note seulement 3 mois de pluies efficaces (juillet, août, septembre) ce qui constitue un obstacle aux variétés à cycle long. On remarque que le mois de juin correspondant dans la plupart des cas au stade plantule des cultures a été moins pluvieux (moins de 30 mm d'eau) par rapport à la moyenne des dix dernières années (75 mm) ce qui peut influencer négativement la croissance des plants. Aussi, on constate une fin brutale des pluies dès le mois de septembre pouvant entraver la fin des cycles culturaux.

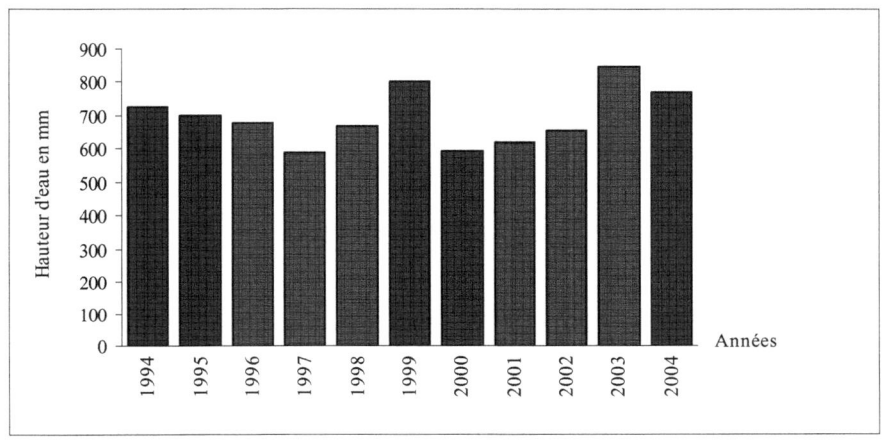

Figure 1 : Variabilité inter-annuelle de la pluviométrie de Saaba (1994-2004)

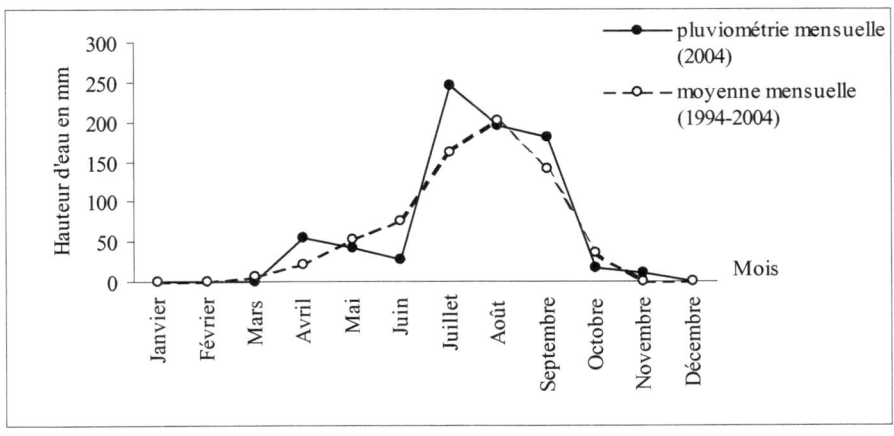

Figure 2 : Variabilité intra-annuelle de la pluviométrie de Saaba (2004 et 1994 - 2004)

1.2.3.2- Hydrographie

L'hydrographie est marquée par une absence de cours d'eau permanents ; l'unique cours d'eau est le Massili, un affluent du Nakambé qui du reste s'assèche en saison sèche tout comme le Nakambé. Cependant, le département compte plusieurs retenues d'eau pouvant servir aux cultures irriguées (CREPA, 2003). C'est le cas du « grand barrage » où nous avons conduit l'expérimentation en maraîchage.

1.2.3.3- Végétation

La végétation est du type savane herbacée parsemée d'arbustes (Guinko, 1984) et caractérisée par :

- une strate ligneuse clairsemée dont *Acacia sp*, *Balanites aegyptiaca*, *Tamarindus indica*, *Lannea microcarpa*, *Butyrospermum parkii*, *Parkia biglobosa* ;
- une strate herbacée dominée par des graminées annuelles dont *Loudetia togoensis*, *Andropogon pseudapricus*, P*enisetum pedicelatum*.

1.2.3.4- Sols

Selon une étude du CREPA (2003), les sols sont de types lithosols, peu évolués, ferrugineux hydromorphes, bruns vertiques ; ils sont généralement pauvres en éléments nutritifs et vulnérables à l'érosion hydrique et éolienne. Ces sols sont plus aptes en cultures moins exigeantes (sorgho, mil). Des cultures plus exigeantes comme le maïs doivent être nécessairement accompagnées d'une fertilisation.

Chapitre 2 : Matériel et méthodes

2.1- Matériel d'étude en milieu paysan

2.1.1- Matériel végétal

En culture maraîchère, nous avons utilisé la variété d'aubergine *Violette longue hâtive*. Elle est couramment utilisée par les producteurs de la zone et est adaptée aux conditions agro-écologiques locales. C'est une variété hâtive et très vigoureuse, à port érigé et adaptée à la culture en plein champ. Elle produit des fruits allongés de 20 à 25 cm. Sa chair est ferme, savoureuse et sa période de production est étendue.

Pour la culture céréalière nous avons utilisé la variété de maïs *Kamboinsé Extra Précoce Blanc* (*KEB* ; synonyme : *TZEEW*) en culture pluviale. C'est une variété mise au point et vulgarisée par le SAFGRAD et l'lNERA pour la zone à pluviométrie annuelle inférieure à 900 mm.

Ses caractéristiques sont :
- cycle semis–floraison mâle 50% : 47 jours ;
- semis-floraison femelle 50% : 50 jours ;
- semis-maturité 50% : 83 jours ;
- hauteur moyenne des plants : 168 cm ;
- hauteur moyenne d'insertion de l'épi principal : 73 cm ;
- longueur de l'épi : 9 cm avec 12 rangées de grains ;
- poids de 1000 grains à 15% d'humidité : 182,7g ;
- rendement moyen grains à 15 % humidité : 3 tonnes /ha.

Les points forts de *KEB* portent essentiellement sur la précocité, mais ses points faibles sont sa sensibilité aux maladies foliaires et la mauvaise couverture des spathes.

2.1.2- Sols

En se référant au tableau 1, nous remarquons que les sols sur lesquels nous avons travaillé contiennent moins de 0,5 g de P_2O_5/kg de sol, moins de 0,05% d'azote et moins de 1,5% de matière organique ; ce sont des sols acides avec un pH compris entre 5 et 6. La teneur en matière organique est meilleure en surface qu'en profondeur pour le site maraîcher et inversement pour le site céréalier.

Conformément aux normes de BUNASOLS (1990), la teneur en azote est basse, celle du phosphore est moyenne et l'acidité est également moyenne. Comme précédents culturaux, on notera que le site maraîcher était précédemment exploité pendant 3 ans en culture de tomate avec des apports de fumier de sources diverses et un faible apport d'engrais minéraux complexe NPK et urée. Le site céréalier était exploité par une seule famille pendant plus de 10 ans en culture de sorgho surtout et quelquefois des rotations avec le niébé.

<u>Tableau 1</u> : Caractéristiques chimiques du sol de départ des deux sites

	Horizon cm	N total	P_2O_5 total	K_2O total	pHeau	MO (%)
			g kg^{-1} sol sec			
Site maraîcher	0-20	0,44	0,31	0,87	5,7	1,07
	20-40	0,33	0,32	0,86	5,9	0,84
Site céréalier	0-20	0,15	0,22		6,0	0,75
	20-40	0,37	0,30		5,7	0,95

2.1.3- Fertilisants minéraux

Les engrais minéraux utilisés sont : l'urée à 46% N ; le triple super phosphate (TSP) à 46% P_2O_5 ; l'engrais complexe NPKSB (14-23-14-6-1) ; le sulfate de potasse (60% K_2O) en culture maraîchère et le chlorure de potasse (60% K_2O) en culture céréalière.

2.1.4- Excréta humains

Les urines et les fèces humains ont été utilisés comme source d'éléments nutritifs en comparaison avec la fumure minérale. Ils ont été collectés séparément et ont subi un processus d'hygiénisation décrit en méthodologie.

2.2- Méthodes d'étude en milieu paysan

2.2.1- Techniques de collecte et d'hygiénisation des excréta

La collecte des excréta se fait à partir des latrines dites latrines du type Vietnamien. Elles sont conçues par le CREPA pour collecter séparément les urines et les fèces.

Les fèces sont collectés dans une fosse de faible profondeur appelée chambre de traitement et fermée par un couvercle appelé plaque chauffante. Cette plaque est peinte en noir pour faciliter le captage de l'énergie solaire. La forte chaleur existante dans la chambre de traitement assure l'hygiénisation des fèces. Le processus d'hygiénisation commence dès que la chambre de traitement remplie est fermée, et se poursuit pendant 6 mois, temps minimum recommandé par les hygiénistes afin d'éviter les risques majeurs de contamination pouvant être liés à certains organismes pathogènes. La chambre de traitement possède 2 compartiments ; le second servant de relais lorsque le premier est rempli. Après l'hygiénisation, la fosse est vidée. Les fèces hygiénisés sont secs et n'ont plus de mauvaises odeurs ; ils sont secs et demandent à être concassés. Une fois cette opération faite, ils ont l'aspect d'un fumier extrêmement décomposé et sont prêts à être utilisés pour la fertilisation des cultures. Il faut noter que pour la collecte des fèces deux techniques sont pratiquées : (1) la collecte avec apport de cendre où l'utilisateur après avoir fait ses besoins apporte quelques poignées de cendre ; cet apport a pour but de réduire les odeurs et de baisser rapidement le taux d'humidité des fèces ; (2) la collecte sans apport de cendre.

Les urines détournées des fèces sont recueillies dans un bidon plastique de 20 litres, communiquant avec les latrines par un tuyau en plastique. Lorsque le bidon est rempli, on le ferme hermétiquement et après 45 jours les urines sont prêtes à être utilisées pour la fertilisation des cultures.

2.2.2- Dispositifs expérimentaux

2.2.2.1- Dispositif expérimental en culture maraîchère (Aubergine)

Le dispositif expérimental utilisé en maraîchage est le bloc complet randomisé (Randomized Complete Block design) avec 4 traitements répétés 4 fois. Les traitements sont les suivants :

- 1 - témoin sans fertilisant ;
- 2 - fumure minérale vulgarisée (FMV) :
    - fumure de fond : 400 kg TSP (46% P_2O_5) ha^{-1} + 350 kg sulfate de potasse (60 % K_2O) ha^{-1}.
    - fumure d'entretien : 200 kg urée (46%N) ha^{-1} en 3 fractions, soient 92 N ha^{-1} :
        70 kg ha^{-1}, 2 semaines après repiquage soit (32 N ha^{-1}),
        70 kg ha^{-1}, 3 semaines après le 1er apport soit (32 N ha^{-1}),
        60 kg ha^{-1}, 4 semaines après le 2e apport soit (28 N ha^{-1}) ;
- 3 - urines :
    - fumure de fond : 400 kg TSP (46 % P_2O_5) ha^{-1} + 350 kg sulfate de potasse (60 % K_2O) ha^{-1}.
    - fumure d'entretien : 92 N ha^{-1} sous forme d'urines, en 3 fractions :
        32 N ha^{-1} soient 12000 litres d'urines ha^{-1}, 2 semaines après repiquage,
        32 N ha^{-1} soient 12000 litres d'urines ha^{-1}, 3 semaines après le 1er apport,
        28 N ha^{-1} soient 10371 litres d'urines ha^{-1}, 4 semaines après le 2e apport ;

- 4 - témoin PK : fumure de fond : 400 kg TSP (46 % P_2O_5) ha^{-1} + 350 kg sulfate de potasse (60 % K_2O) ha^{-1}.

Les quantités utilisées de chaque fertilisant correspondent aux doses vulgarisées par la recherche et effectivement adoptées par les maraîchers. Sur l'aubergine, seules les urines ont été apportées.

2.2.2.2- Dispositif expérimental en culture pluviale céréalière (Maïs)

Le bloc Fisher Randomisé a été utilisé avec 10 traitements répétés 4 fois. Pour cette étude, c'est le facteur P qui a été étudié car les sols sont très pauvres en cet élément et aussi à partir de l'hypothèse qu'il est l'un des facteurs déterminants majeurs de la production du maïs.

Les traitements sont les suivants :

- 1 - témoin sans fertilisant ;

- 2 - témoin NK : 67 N ha^{-1} + 21 K_2O ha^{-1} (dose vulgarisée) = 4,8 g urée (2,4 g au démarrage et 2,4 g en début de floraison mâle) + 1,1 g de KCl par poquet de Zaï au démarrage ;

- 3 - Urines (Q) + NK ($Q = 34,5$ P_2O_5 ha^{-1} *équivalent* P_2O_5 *de FMV provenant des urines*) = 40 740 litres ha^{-1} : 0.65 litres / poquet de Zaï au démarrage + 0,65 litres /poquet de Zaï en début de floraison mâle ;

- 4 - Urines (Q/2) + NK (*Q/2 = 17,3 P_2O_5 ha^{-1}*) = 20370 litres ha^{-1} : 0,33 litres / poquet de Zaï au démarrage + 0.33 l /poquet de Zaï en début de floraison mâle ;

- 5 - Urines (Q + Q/2) + NK (*Q + Q/2 = 52 P_2O_5 ha^{-1}*) = 61110 litres ha^{-1} : 1 litres / poquet de Zaï au démarrage + 1 litres /poquet de Zaï en début de floraison mâle ;

- 6 - Fèces (Q) + NK ($Q = 34,5$ P_2O_5 ha^{-1} *équivalent P_2O_5 de FMV provenant des fèces*)

= 980 kg fèces ha^{-1} : 40 g de fèces / poquet de Zaï avant semis + 1,6 g urée (2/3) par poquet de Zaï au démariage + 0,8 g urée (1/3) / poquet de Zaï en début de floraison mâle;

- 7 - Fèces (Q/2) + NK (*Q/2 = 17,3 P_2O_5 ha^{-1}*)

= 490 kg fèces ha^{-1} : 20 g de fèces / poquet de Zaï avant semis + 2,33 g urée (2/3) / poquet de Zaï au démariage + 1,2 g urée (1/3) / poquet de Zaï en début de floraison mâle + 0,4 g KCl / poquet de Zaï au démariage ;

- 8 - Fèces (Q + Q/2) + NK (*Q + Q/2 = 52 P_2O_5 ha^{-1}*)

= 1470 kg fèces ha^{-1} : 60 g de fèces / poquet de Zaï avant semis + 0,8 g urée (2/3) / poquet de Zaï au démariage + 0,4 g urée (1/3) / poquet de Zaï en début de floraison mâle;

- 9 - fumure minérale vulgarisée (FMV) : 150 kg ha^{-1} (NPK 14-23-14) au démariage + 100 kg ha^{-1} (urée 46 % N) en 2 fractions de 2/3 au semis et 1/3 en début de floraison mâle

= 4,8 g NPK / poquet de Zaï au démariage + 2,13 g urée / poquet de Zaï au démariage + 1,1 g urée / poquet de Zaï en début de floraison mâle ;

- 10 - Mixte ½ Fèces + ½ urines

= 20 g de fèces / poquet de Zaï avant semis + 0,7 litres urine / poquet de Zaï au démariage + 0,3 litres urine / poquet de Zaï en début de floraison mâle.

Les quantités d'urines et de fèces sont calculées à partir de la concentration en P des excréta ; la dose de (NK) des traitements 3, 4, 5, 6, 7 et 8 a pris en compte les apports de N et de K provenant des urines et des fèces. La fumure NK apportée à tous les traitements sauf sur le témoin absolu permet de mieux étudier le facteur P.

Les traitements 3, 4, 5, 6, 7, 8 sont utiles pour la détermination des doses optimales d'urines et de fèces. Les doses Q correspondent aux doses vulgarisées par la recherche.

2.2.3- Techniques culturales appliquées

2.2.3.1- En culture maraîchère (Aubergine)

- *Préparation du sol et repiquage*

Le sol a été travaillé manuellement. Les opérations effectuées sont : un déssouchage, un labour et un binage. Les superficies des parcelles élémentaires étaient de 28,8 m^2 soit 6 m × 4,8 m. Chaque parcelle élémentaire était constituée de 6 lignes et chaque ligne de 15 poquets, soient 90 poquets par parcelle élémentaire et 31250 poquets à l'hectare ; ce qui correspond à la densité recommandée de 0,80 m entre les lignes et 0,40 m entre les poquets. Les plants ont passé une trentaine de jours en pépinière avant d'être repiqués ; nous avons pris soin de repiquer des plants dont nous avons estimé avoir la même vigueur.

- *Entretien*

L'arrosage se fait à la demande par irrigation gravitaire à partir d'une motopompe. L'eau vient du barrage qui est à proximité.

Les fertilisants sont apportés de façon localisée, aux poquets. Les urines étaient diluées à 100 % en les apportant concomitamment avec l'eau selon l'ordre : binage-urine-eau (Bonzi et Koné, 2004).

Le binage permet l'infiltration rapide des urines et permet de minimiser les pertes d'azote par volatilisation. La dilution permet d'éviter les brûlures. Les engrais minéraux étaient enfouis immédiatement à chaque apport, afin de minimiser les pertes d'azote par volatilisation.

Des binages étaient effectués régulièrement afin de permettre une aération des racines. Pour protéger les plants des attaques d'insectes, des traitements phytosanitaires au decis étaient appliqués régulièrement au cours de l'expérimentation.

- *Récolte*

Dans chaque parcelle élémentaire, la récolte des fruits a concerné tous les plants. Nous nous sommes limités à 4 récoltes. Après la récolte des fruits, la biomasse végétale aérienne a été aussi récoltée. Des échantillons de fruits et de biomasse ont été prélevés pour la détermination du taux d'humidité au laboratoire et l'évaluation des quantités de matières sèches.

2.2.3.2- En culture céréalière (Maïs)

- *Préparation du sol et semis*

La préparation du sol a consisté à un déssouchage puis à la réalisation des trous de Zaï manuellement. Les trous de zaï ont environ une profondeur de 15 cm. Ils ont été réalisés en respectant les écartements recommandés. Des allées de 1,5 m séparaient les parcelles élémentaires et celles de 2,5 m séparaient les répétitions. Les dimensions d'une parcelle élémentaire étaient de 4 m x 2,4 m, soient 9,6 m^2. Par parcelle élémentaire on avait au total 40 poquets à raison des écartements de semis de 0,8 m entre les lignes et 0,4 m entre les poquets. Soit une densité de 31250 poquets ha^{-1} à raison de 2 plants par poquet.

- *Entretien*

Les opérations de sarclage sont effectuées à la demande. Un buttage a été effectué après le dernier apport des fertilisants afin de permettre aux plants de résister mieux aux violents vents. Les applications des fertilisants ont été faites en Zaï pour les fèces (en dose unique avant les semis) et les urines par épandage au démariage. Les autres fractions d'urines ont été apportées par la suite par épandage en ligne. A chaque apport, les urines étaient diluées à 100 % en les apportant concomitamment avec l'eau selon l'ordre binage-urine-eau. L'urée était enfouie à chaque apport.

- *Récolte*

la récolte a concerné chaque parcelle élémentaire. Nous avons récolté sur pieds en ôtant les épis de leurs spathes. Les spathes ont été totalisées avec la biomasse végétale. Nous avons ensuite prélevé des échantillons de paille dans chaque parcelle élémentaire pour la détermination du taux d'humidité au laboratoire et l'évaluation de la matière sèche.

2.2.4- Echantillonnage des sols, des végétaux et des excréta

Les échantillons d'excréta ont été prélevés dans plusieurs ménages ; 9 ménages pour les urines et 5 ménages pour les fèces à raison de 2 ménages en collecte avec apport de cendre et 3 ménages en collecte sans apport de cendre.

Pour les sols et les végétaux, les déterminations des différents éléments ont été faites sur des échantillons moyens. La réalisation d'un échantillon moyen à partir d'échantillons de départ consiste à prélever une certaine quantité de chaque échantillon de départ que l'on met ensemble. Le nouvel échantillon obtenu est homogénéisé par mélange ; l'échantillon que l'on prélève après le mélange constitue l'échantillon moyen.

Les prélèvements de sols en fin d'expérimentation ont été effectués près des poquets, étant donné que les épandages des fertilisants étaient plus ou moins localisés.

Pour les sols de départ nous avons réalisé un échantillon moyen résultant de 5 points de prélèvements effectués sur chaque bloc. En fin de campagne, nous avons réalisé un échantillon moyen résultant de 5 points de prélèvements par parcelle élémentaire et par horizon ; 4 échantillons moyens ont été réalisés par horizon pour chaque traitement (4 échantillons 0-20 cm et 4 échantillons 20- 40 cm).

Pour les fruits, un premier échantillon moyen par traitement a été réalisé à chaque récolte et séché au laboratoire. Les déterminations ont été faites sur un deuxième échantillon moyen réalisé à partir des premiers pour chaque traitement (soient au total 4 échantillons de fruits par traitement).

Pour la biomasse aérienne des aubergines, elle a été déterminée à partir d'un échantillon moyen par traitement et pour chaque répétition au moment de la dernière récolte des fruits (soient 4 échantillons moyens par traitement).

Pour la paille de maïs, les déterminations ont été faites à partir d'échantillons moyens par parcelle élémentaire sur les résidus de battage, les feuilles et les tiges.

Pour les grains, les échantillons ont été constitués à partir d'un prélèvement pour chaque parcelle élémentaire des récoltes ayant servie à la détermination des variables de rendement (poids de grains et de 1000 grains).

Les différents types d'échantillons de végétaux (grains, fruits, et tiges) ont été séchés puis broyés pour les analyses.

2.2.5- Paramètres étudiés

2.2.5.1- *Variables mesurées*

- *Sols*

En culture maraîchère comme en culture céréalière, les prélèvements de sols ont été effectués en deux périodes : (1) avant expérimentation et (2) après expérimentation sur 0-20 cm et 20-40 cm de profondeur ; le pH, les teneurs en N, P, K et matière organique ont été déterminés.

- *Végétaux*

En culture maraîchère, nous avons déterminé : le taux de reprise des plants ; le nombre total de fruits par hectare ; le nombre de fruits récoltés ; le rendement fruits et rendement biomasse aérienne sèche ; le poids moyen d'un fruit ; les teneurs en N, P, K des fruits et de la biomasse aérienne sèche.

En culture céréalière nous avons déterminé les composantes du rendement (nombre d'épis à la récolte, nombre de rangées par épis, poids de 1000 grains), le taux de levée des plants, le rendement grains et le rendement paille sèche, les teneurs en N, P des grains et de la paille sèche. La croissance des plants a été déterminée en mesurant leurs hauteurs au trentième jour et au soixantième jours à l'aide d'un mètre ruban du collet jusqu'à la dernière feuille entièrement sortie.

2.2.5.2- *variables calculées*

- Effets des fertilisants sur le sol

Les effets des fertilisants apportés sur les propriétés chimiques du sol, notamment les teneurs en N, P, K, matière organique et pH après les productions agricoles ont été déterminés à partir de la relation mathématique suivante :

Effet du traitement = valeur du paramètre après culture – valeur du paramètre avant culture

- Taux de Recouvrement (TR) de N et P

Le taux de recouvrement d'un élément permet de connaître en pourcentage la quantité de cet élément que la culture a utilisé. Nous avons retenu l'azote et le phosphore respectivement pour l'aubergine et le maïs, étant donné que ce sont ces éléments qui sont visés essentiellement par l'expérimentation. Le taux de recouvrement est calculé par la relation mathématique suivante :

$$TR (\%) = \frac{(N \text{ ou } P) \text{ pf} - (N \text{ ou } P) \text{ pnf}}{(N \text{ ou } P) \text{ Qt}} \times 100$$

(N ou P) pf : N ou P prélevé par les plantes de la parcelle fertilisée
(N ou P) pnf : N ou P prélevé par les plantes de la parcelle non fertilisée
(N ou P) Qt : quantité totale de N ou P apportée par les fertilisants

- *Efficience (Eff) de N et P*

Nous avons déterminé l'efficience du kg de N dans la production des aubergines et celui du kg de P dans la production du maïs grains et paille, par la relation mathématique suivante :

$$\text{Eff (N ou P)} = \frac{Rpf - Rpnf}{(N \text{ ou } P)f}$$

Rpf : Rendement déterminé sur la parcelle fertilisée
Rpnf : Rendement déterminé sur la parcelle non fertilisée
(N ou P)f : N ou P des fertilisants prélevés par les plantes

2.3- Méthodologie utilisée en milieu contrôlé

2.3.1- Essai en vase de végétation

L'essai en vase de végétation a été réalisé avec la variété d'aubergine *HYBRIDE F1 KALENDA* ; elle a un cycle de 7 à 8 mois et sa récolte s'étale sur 3 à 4 mois ; elle est résistante à l'anthracnose et tolérante au flétrissement bactérien. Nous avons utilisé le même dispositif qu'en milieu paysan en intégrant deux autres traitements que sont : la dose Q/2 et la dose Q+Q/2, dans l'objectif de déterminer une dose optimale. Des pots de 5 litres ont été utilisés ; il y'avait au total 24 pots ; chaque pot représente un traitement. Nous avons percé les fonds de ces pots afin d'éviter un excès d'eau pouvant asphyxier les racines. Toutefois, les apports d'eau étaient contrôlés afin d'éviter un drainage pouvant causer une perte incontrôlable des fertilisants apportés. Les pots ont été remplis de terre prélevée en milieu paysan à Saaba (terrain d'expérimentation), par bloc sur les 20 premiers cm ; ils ont été ensuite arrosés et binés afin d'avoir un bon lit de repiquage.

Les plants ont passé 33 jours en pépinière avant d'être repiqués (*cf. photo1, annexe1*) ; un plant a été repiqué dans chaque pot. L'eau était apportée au besoin par aspersion à l'aide d'un arrosoir.

Les fertilisants ont été apportés exactement comme en milieu paysan (*confère photo2, annexe1*). Des binages étaient effectués régulièrement pour permettre une aération des racines. Cinq traitements phytosanitaires au Calidime ont été appliqués (1 au repiquage, 2 en début floraison et 2 en pleine floraison) pour protéger les plants contre des éventuels ravageurs. Nous avons suivi l'évolution des plants en mesurant régulièrement (15, 30, 45, 60, 90 jours après repiquage) leurs hauteurs à l'aide d'un mètre ruban et leurs diamètres aux collets à l'aide d'un pied à coulisse. Nous avons aussi compté 3 fois le nombre de fleurs.

2.3.2- Tests d'incubation

L'azote de l'urine est sous forme d'ammoniac très volatil (Esray, 2001). Cet essai a eu pour objectif la détermination du devenir de cet ammoniac lorsque l'urine est apportée pure ou diluée avec de l'eau pour la fertilisation des cultures maraîchères, en espérant pouvoir expliquer l'effet brûlure observé quand les urines sont apportées pures.

La méthodologie s'inspire de celle utilisée par Sedogo (1981) ; Bacyé et Moreau (1993).

2.3.2.1-Dispositif d'incubation

L'Essai a consisté en une incubation des sols dans des conditions contrôlées pendant 2 semaines. Nous avons considéré 4 traitements avec 4 répétitions.

- T1 : sol sans fertilisant
- T2 : sol + urée
- T3 : sol + urines pures
- T4 : sol + urines diluées à 100 % avec de l'eau distillée

2.3.2.2-Matériel d'incubation

Les sols incubés sont issus du périmètre maraîcher de Saaba qui a abrité les essais en cultures maraîchères. Les urines viennent également du site pilote de ECOSAN/ Burkina Faso (Saaba), elles ont été préalablement analysées et leur teneur en azote est connue. L'urée utilisée contient 46 % d'azote. Les incubations ont été réalisées dans des pots plastiques de 200 ml couramment appelés verres jetables.

2.3.2.3-Détermination de la Capacité Maximale de Rétention (CMR)

Afin de permettre l'activité microbienne au cours de l'incubation, il a fallu humidifier le sol de façon optimale. Pour ce faire nous avons déterminé la capacité maximale de rétention en eau du sol. Cette détermination consiste a faire passer 100 ml d'eau à travers 100 g de sol tamisé à 2 mm préalablement placé dans un entonnoir contenant du papier filtre wathman. L'eau percolée est recueillie dans une éprouvette graduée. La quantité d'eau percolée est déterminée par lecture directe au bout de 24 heures, temps permettant une percolation totale de l'eau libre. La capacité maximale de rétention du sol est déterminée par la formule suivante :

CMR (*ml/100g de sol sec*) = Quantité d'eau versée au départ – Quantité d'eau recueillie

Selon la méthodologie utilisée par Sedogo (1981) la quantité d'eau optimale pour humidifier le sol est de 4/9 x CMR. Ce qui correspond pour notre cas à 14,2 ml/100g de sol sec.

2.3.2.4- Préparation du sol et mise en pot (cf. photos en annexe2)

Nous avons prélevé 1500 g de sol sec tamisé à 2 mm (quantité jugée suffisante pour les différentes analyses) dans 4 cuvettes. Conformément à l'humidité optimale déterminée préalablement, nous avons ajouté 215 ml d'eau distillée dans la première cuvette (pour le traitement témoin). Pour le traitement sol + urée, nous avons fait dissoudre 1,86 g d'urée à 46 % N dans 215 ml d'eau distillée que nous avons apporté sur les 1500 g de sol pour l'humidification. La quantité d'urée a été déterminée de sorte à apporter l'équivalent en azote des urines. Pour le traitement sol + urines pures, nous avons humidifié les 1500 g de sol avec 215 ml d'urines pures. Pour le traitement urines diluées à 100 %, nous avons apporté 215 ml d'urines diluées prélevées d'un mélange de 430 ml d'urines pures et de 430 ml d'eau distillée, soit une dilution de 100 %. Nous avons ensuite bien mélangé pour homogénéiser l'humidité et les sols humidifiés ont été répartis dans 112 pots d'incubation. Après la mise en pots des sols, nous avons pris le soin de couvrir chaque pot avec du para film afin de conserver l'humidité optimale pour l'activité microbienne. Les premières analyses ont été effectuées sur 16 pots (4 pots par traitement) prélevés à l'instant t0 sans incubation. Les 96 autres ont été transférés à l'étuve dans des conditions de températures de 30°C et à chaque 2 jours, 16 pots étaient sacrifiés pour les différentes analyses.

2.3.2.5- indicateurs mesurés

Dans chaque pot nous avons mesuré le pHeau par la méthode électrométrique dans un rapport sol/eau de 1/2,5 et l'azote minéral (NO_3^- et NH_4^+) à chaque 2 jours.

2.4- Méthodes d'analyses au laboratoire

Pour les analyses chimiques nous avons utilisé des méthodes classiques en vigueur dans le laboratoire Sol-Eau-Plante de l'INERA.

Pour le carbone, il s'agit de la méthode Walkley et Black (1934) pour le sol et la méthode par calcination pour les fèces selon la méthode décrite par Okalebo *et al.* (2002).

Pour le pH, il s'agit de la méthode électrométrique au pH-mètre avec un rapport sol/eau de 1/2,5 selon la méthode Afnor (1981). Les dosages de N, P, ont été faites à l'auto analyseur de marque Skalar après une extraction classique ; l'azote et le phosphore par la méthode Kjeldahl reprise par Novozansky *et al.* (1983). Le potassium total à été déterminé par photométrie de flamme JENCONS selon la méthode proposé par Walinga *et al.* (1989).

L'azote ammoniacal et nitrique ont été déterminés à l'autoanalyseur par colorimétrie respectivement par la réaction de Berthelot et par réduction avec le sulfate d'hydrazine en présence de cuivre comme catalyseur.

Le principe de l'auto analyseur est basé sur la densité optique. Il est muni d'un traceur effectuant des courbes au passage des échantillons. L'amplitude des courbes est fonction de la concentration des éléments à analyser. Les valeurs des amplitudes sont comparées à des valeurs étalons, puis on détermine la concentration des différents éléments à partir d'une projection sur un axe.

2.5- Analyse Statistique des données

L'analyse de variance (ANOVA) des données en milieu paysan a été réalisée avec le logiciel SPSS 11.5 par le modèle linéaire général (GLM). Les moyennes ont été comparées avec les tests de Student-Newman –Keuls et le test de Bonferonni. Les données du test d'incubation ont été analysées avec le logiciel Genstat 3.2. Les moyennes ont été comparées par la méthode de la plus petite différence significative PPDS.

Chapitre 3 : Résultats -Discussions

3.1 - Valeur agronomique des excréta humains et leurs effets sur les productions agricoles en milieu paysan

3.1.1-Valeur agronomique des excréta humains
3.1.1.1-Résultats

Les résultats sont présentés dans les tableaux 2 et 3.

Les urines sont riches en azote, relativement faibles en phosphore et en potassium et leur pH est basique. On remarque que leurs caractéristiques chimiques varient en fonction des ménages.

La composition chimique des fèces varie aussi selon les ménages (tableau 3). On remarque cependant que les fèces sont très riches en éléments nutritifs majeurs (N ,P, K). Ils ont un pH basique et un rapport C/N inférieur à 20. On note aussi que les apports de cendre comme desséchant hygiénique semblent abaisser les teneurs en azote et en phosphore.

<u>Tableau 2</u> : Caractéristiques chimiques des urines

N° ménage	N total	P total	K total	pH
	(mg litres^{-1} urines)			
1	2272,72	416,12	251,89	8,87
2	2727,27	480,46	405,61	9,1
3	2090,91	351,78	303,13	8,92
4	1727,27	319,61	354,37	8,9
5	2954,55	351,78	354,37	9,02
6	2545,45	319,61	303,13	9,05
7	3409,10	383,95	354,37	8,82
8	3272,72	351,78	251,89	8,64
9	3318,18	351,78	251,89	8,92
Moyenne	**2702**	**369,6**	**314,5**	**8,9**

Tableau 3 : Caractéristiques chimiques des fèces

Bénéficiaires	Ntotal	P total	K total	C total	C/N	pHeau
		(g kg^{-1} fèces)		(%)		
Dipama Gom Lale*	23,8	9,48	13,355	39	16,4	8,15
Dipama Ambroise	42,5	23,38	33,154	64	15,1	8,28
Kabore Joseph	37,5	14,22	12,686	58.3	15,5	8,08
Kabre Norbert	50	19,59	22,580	75,6	15,1	7,35
Nikiema Jochim*	14,5	10,11	29,844	28,5	19,7	9,24
Moyenne	**33,7**	**15,36**	**22,32**	**53.1**	**16,4**	**8.2**

* avec apport de cendre

3.1.1.2-Discussion

Le rapport C/N des fèces est intéressant sur le plan agronomique (< 25), car il exprime une relative facilité en matière de disponibilité des éléments nutritifs pour les cultures (Godefroy, 1979 ; Sedogo, 1981 ; Guiraud, 1984). Les fèces sont plus riches que le fumier surtout en phosphore. En comparaison avec les teneurs du fumier trouvées par Sedogo (1981) et Bonzi (1989), le fumier est 8 fois moins riche en Phosphore (2,2 g kg^{-1}), 2 fois moins riche en azote (17,5 g kg^{-1}), et une teneur en potassium voisine (21 g kg^{-1}). Selon Lompo (1993), la faible teneur en phosphore du fumier n'est que le reflet de la déficience de nos sols en phosphore d'où vient le fourrage servant de matière première à la production du fumier. Les apports de cendre comme desséchant hygiénique semblent abaisser les teneurs en azote et en phosphore. On peut penser ici à un effet dilution. Pour cela il est intéressant de rechercher des quantités optimales de cendre à apporter afin de favoriser l'hygiénisation rapide tout en conservant la qualité agronomique des fèces.

Les teneurs en nutriments des excréta humains sont plus faibles que celles trouvées par Esray *et al.* (2001) pour les excréta des Suédois (10 g d'azote par litre d'urines). Ces différences sont vraisemblablement dues aux habitudes alimentaires.

Egbunwe, (1980) cité par Franceys *et al.* (1995) avance que les actifs qui ont un régime alimentaire riche en fibres et vivant en zone rurale ont des matières fécales plus abondantes que les enfants ou les adultes d'un certain âge qui vivent en zone urbaine et consomment une nourriture pauvre en fibres.

Les résultats montrent que les urines sont surtout riches en azote. Ce qui confirme les propos de Esray *et al.* (2001), qui avancent que la plupart des éléments nutritifs nécessaires aux plantes contenus dans les excréta humains se trouvent dans les urines et qu'un adulte peut produire 400 litres d'urines par an contenant 4 kg d'azote, 0,4 kg de phosphore et 0,9 kg de potassium. En outre, ces auteurs ont montré que l'on trouve des nutriments en quantité plus importante dans les urines que dans les engrais chimiques utilisées en agriculture et que les concentrations en métaux lourds dans l'urine humaine sont très inférieures à celles qu'on trouve dans les engrais chimiques.

3.1.2-Effets des urines sur la production des aubergines

3.1.2.1-Résultats

- Effets sur la reprise des plants

Les résultats présentés dans le tableau 4 montrent que les urines semblent influencer négativement la reprise des plants. En effet, on obtient un taux de mortalité de 14 % significativement supérieur à celui obtenu en absence de fertilisation (1 %). Cependant, l'expérience ne révèle pas de différences significatives entre les taux de reprise obtenus avec les urines d'une part et avec la fumure minérale vulgarisée qui représente en fait la pratique vulgarisée et adoptée par les maraîchers.

Tableau 4 : Taux de reprise des plants d'aubergine après apport des fertilisants

Traitement	Nombre de plants avant apport	Nombre de plants après apport	Taux de reprise %
Témoin	84	83	99^a
FMV	83	78	94^{ab}
Urines	84	72	86^{bc}
PK	28	26	96^{ac}
Signification			S
Probabilité			0,045

les moyennes affectées d'une même lettre dans une même colonne ne sont pas significativement différentes au seuil de 5% par la méthode de Student-Newman-Keuls. S = Signicatif (P<0.05).

- Effets sur la production de fruits et de biomasse aérienne

Les résultats sont présentés dans le tableau 5 et la figure 3.

Pour le nombre de fruits et le poids moyen d'un fruit, on remarque deux groupes homogènes distincts. Les urines et la fumure minérale forment le meilleur groupe qui diffère de façon très hautement significative du groupe formé par le témoin et le traitement PK. Pour les rendements, on note que l'absence d'azote au niveau du traitement PK entraîne une perte très hautement significative du rendement fruits de près de 75 % (4,5 t ha^{-1} contre 17,8 t ha^{-1}) par rapport à la fumure minérale complète. Les urines permettent l'obtention de rendements fruits et biomasse (respectivement de 17,6 t ha^{-1} et 1,3 t ha^{-1}) très compétitifs à ceux de la fumure minérale (17,8 t ha^{-1} et 1,2 t ha^{-1}). De tous les traitements, le témoin absolu donne les plus faibles rendements (2,8 t ha^{-1} en fruits et 0,3 t ha^{-1} en biomasse aérienne). Son rendement fruits est de 8 fois moins que celui obtenu avec les urines et près de 4 fois moins en biomasse aérienne.

Avec les urines, la récolte semble être plus prolongée comparativement à la fumure minérale (Figure 3) ; en effet, les deux dernières récoltes ont enregistré un nombre plus important de fruits avec les urines et la fumure minérale permet une production plus précoce.

Tableau 5 : Effet des fertilisants sur le nombre de fruits, le poids moyen d'un fruit et les rendements fruits et biomasse de l'Aubergine

Traitement	Nombre de fruits/ha	Poids moyen d'un fruit (g)	Rendement fruits (t ha^{-1})	Rendement biomasse végétale (t ha^{-1})
Témoin	56661^a	49,5^a	2,8^a	0,33^a
FMV	185185^b	96,9^b	17,8^b	1,18^b
Urines	195332^b	87,1^b	17,7^b	1,28^b
PK	74364^a	57,4^a	4,5^a	0,45^a
Signification	*THS*	*THS*	*THS*	*THS*
probabilité	*< 0,001*	*< 0,001*	*< 0,001*	*< 0,001*

les moyennes affectées d'une même lettre dans une même colonne ne sont pas significativement différentes au seuil de 5% par la méthode de Student-Newman-Keuls. THS = Très Hautement Significatif (P<0,001).

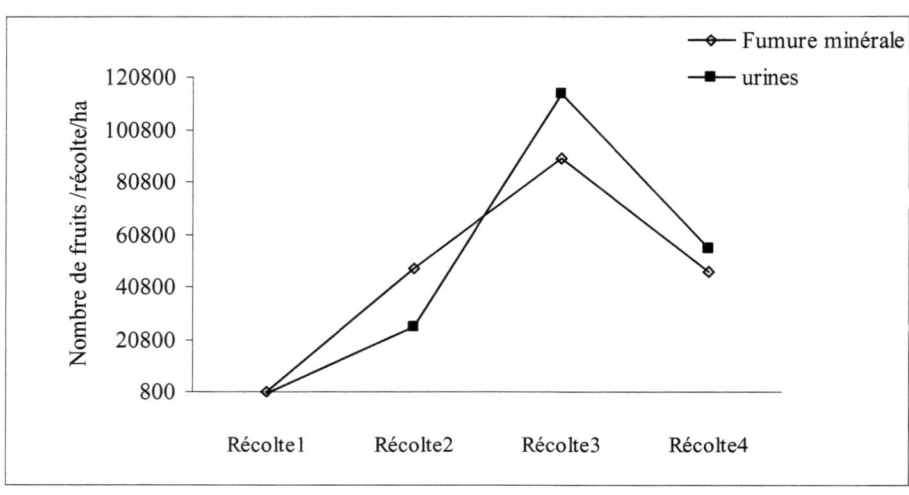

Figure 3 : Effets des urines sur le nombre de fruits par récolte de l'Aubergine

3.1.2.2-Discussion

Les urines ont eu un effet néfaste sur la reprise des plants par rapport au témoin ce qui n'est pas très inquiétant, car la fertilisation minérale est la pratique paysanne en application. Cependant, pour éviter tout risque, il est nécessaire de recommander un apport des urines seulement dans le cas où les plants repiqués ont entièrement repris (environ 30 à 35 jours en pépinière). Aussi, le fractionnement des apports peut aider à pallier d'éventuelles mortalités. L'effet néfaste des urines sur la reprise des plants s'apparente aux résultats de Niang (2004). Cet auteur, à travers une expérience réalisée au Sénégal, a montré que l'apport précoce d'urine avant la reprise des plants provoquait un taux de mortalité significativement très important parfois supérieur à 50 %, alors que son apport après la reprise annulait ce taux.

En n'apportant pas les éléments majeurs dans le traitement témoin on obtient de très faibles rendements ce qui exprime la pauvreté du sol confirmant ainsi les résultats d'analyses de sol du chapitre 1 (tableau 1). Les faibles rendements obtenus avec le traitement PK (74 % de perte en fruits) peuvent traduire l'importance de l'azote dans la production des aubergines confirmant les propos de Bélem (1990), Bélanger *et al.* (1994), Lebot *et al.* (1997). En effet, selon ces auteurs, la nutrition azotée entraîne l'accroissement de la photosynthèse, produisant plus d'assimilats pour la formation des fruits. Ces faibles rendements peuvent aussi être liés à un déséquilibre chimique entre les différents éléments nutritifs causé par cette fumure incomplète PK.

Les rendements obtenus avec les urines et ceux obtenus avec l'urée ne sont pas statistiquement différents ; ce qui signifie que l'on peut produire des aubergines avec les urines au même titre qu'avec la fumure minérale. Selon nos observations visuelles, les urines ont en plus trois avantages que sont : (1) la physionomie des fruits qui semblait être meilleure avec les urines (fruits plus brillants) ; (2) l'amélioration de la biomasse aérienne avec les urines ce qui laisse penser que si on poursuivait les récoltes les plants ayant reçu les urines seront plus aptes à produire davantage vu leur abondance de feuillage et leur aspect très vert ; (3) le prolongement de la récolte avec les urines, ce qui permet une offre plus bénéfique sur le marché.

3.1.3- Effets des urines sur la production du maïs

3.1.3.1-Résultats

- Effets sur la levée et la croissance des plants

Les résultats sont dans le tableau 6.

Ces résultats montrent que pour le taux de levée, l'expérience ne révèle pas de différences significatives entre les trois doses d'urines et les autres traitements à savoir : la fumure minérale, le témoin et le NK.

Pour la hauteur des plants à la première mesure, on n'observe pas de différences significatives entre les différents traitements, mais la fumure minérale a tendance à permettre une croissance plus rapide quand on se réfère à la comparaison des valeurs numériques. Cependant, au soixantième jour, on distingue deux groupes homogènes : les doses d'urines et la fumure minérale forment le premier groupe, qui diffère significativement du second groupe formé par le témoin et le traitement NK. Bien que toutes les doses d'urines soient dans le même groupe, on observe tout de même au soixantième jour une augmentation de la taille lorsque la dose d'urines augmente.

<u>Tableau 6</u> : Effets des différentes doses d'urines sur la levée et la hauteur des plants de maïs

Traitement	Taux de levée %	ht_moy 1ère mes. 30^{è} jour (cm)	ht_moy 2e mes. 60^{è} jour (cm)
Témoin	96	37,7	44,1^a
NK	92	39,5	61,9^a
Urine Q	95	41,0	103,0^b
Urine Q/2	99	43,1	96,7^b
Urine (Q+Q/2)	90	41,3	109,7^b
FMV	97	53,0	109,2^b
Signification	*NS*	*NS*	*THS*
Probabilité	*0,057*	*0.055*	*< 0,001*

les moyennes affectées d'une même lettre dans une même colonne ne sont pas significativement différentes au seuil de 5% par la méthode de Student-Newman-Keuls. ht = hauteur ; moy = moyenne ; mes. = mesure ; NS=Non Significatif (P>0,05) ; THS = Très Hautement Significatif (P<0,001).

-Effets sur les composantes du rendement et les rendements

Les résultats sont présentés dans le tableau 7.

Tableau 7 : Effets des urines sur les composantes du rendement et les rendements du maïs

Traitement	Poids de 1000 grains (g)	Nbre d'épis/ha	*Nbre de rangées par épi	Rendement grains (t ha^{-1})	Rendement paille (t ha^{-1})
Témoin	110,78	52604^a	8^a	0,13^a	0,25^a
NK	124,43	61198^a	10^b	0,22^a	0,47^a
Urine Q	122,41	61719^a	12^c	0,85^a	1,94^b
Urine Q/2	125,89	73438^b	11^c	0,79^a	1,67^b
Urine (Q+Q/2)	133,48	69097^a	12^c	1,28^b	3,07^{bc}
FMV	122,86	68750^a	13^c	1,05^b	2,54^b
Signification	NS	HS	THS	THS	THS
Probabilité	0,058	0,002	< 0,001	< 0,001	< 0,001

les moyennes affectées d'une même lettre dans une même colonne ne sont pas significativement différentes au seuil de 5% par la méthode de Student-Newman-Keuls. Nbre = nombre ; *moyenne sur 5 épis ; NS= Non Significatif ; THS = Très Hautement Significatif (P<0,001) ; HS = Hautement Significatif (p<0,01).

Pour le poids de 1000 grains, l'expérience ne révèle pas de différence significative entre les traitements. Cependant, la comparaison numérique montre un poids plus faible au niveau du traitement témoin.

Pour le nombre d'épis, la faible dose d'urines (Q/2) est statistiquement meilleure que les autres traitements. Ces derniers forment un groupe homogène où la tendance montre une diminution du nombre d'épis au niveau du témoin.

Pour le nombre de rangées par épis, on observe qu'il est significativement faible pour le témoin et le traitement NK par rapport aux trois doses d'urines et la fumure minérale qui forment un groupe homogène.

Pour les rendements grains, seule la forte dose d'urines (Q+Q/2) peut se classer avec la fumure minérale ; les rendements sont respectivement de 1,28 tha^{-1} et 1,05 t ha^{-1}. Ces deux traitements forment un groupe homogène significativement supérieur à ceux obtenus avec les 2 doses d'urines (Q et Q /2) qui forment un groupe aussi homogène avec tout de même un rendement plus faible au niveau de la dose Q/2.

Pour le rendement paille, le témoin et le traitement NK sont significativement inférieurs aux trois doses d'urines et à la fumure minérale vulgarisée. Ces 4 derniers traitements forment un groupe homogène avec cependant une amélioration du rendement paille avec la forte dose d'urines.

Le témoin donne les plus faibles rendements en grains et paille ($< 0,5$ t ha^{-1}). La fumure NK entraîne une perte en rendement grains de plus de 75 % par rapport à la fumure minérale vulgarisée (0,22 t ha^{-1} contre 1,05 t ha^{-1}).

3.1.3.2-Discussion

Les analyses statistiques montrent que les traitements n'ont pas influencé le taux de levée des plants.

Les plus faibles hauteurs mesurées au niveau du témoin traduisent l'importance des éléments nutritifs N, P, et K dans la croissance du maïs. Les tendances montrant l'augmentation des hauteurs lorsque les quantités d'urines augmentent traduisent également l'importance du phosphore dans la croissance du maïs.

Les faibles hauteurs dues à l'insuffisance des éléments nutritifs majeurs peuvent expliquer les faibles rendements grains. En effet, le faible développement végétatif de ces plants a conduit à une faible accumulation de réserves pour la formation des grains.

L'insuffisance du phosphore au niveau du traitement NK a conduit à de très faibles productions soit une perte de 79 % en rendements grains par rapport à la dose minérale vulgarisée. Selon certains auteurs dont Morel (1996) ; FAO (2004), le phosphore favorise le développement du système racinaire et intervient dans les fonctions de métabolisme de la plante. Nous avons d'ailleurs observé au champ des colorations pourpres des feuilles traduisant une carence en cet élément. Aussi, il faut noter que ces faibles productions peuvent être attribuer à un déséquilibre du milieu causé par cette fumure incomplète NK.

Seule la forte quantité d'urines (61110 litres ha^{-1}) correspondant à la dose Q+Q/2 en phosphore reste compétitive à la fumure minérale. Si on ne s'en tient qu'à ces effets, il est donc plus intéressant de produire avec cette dose. Cependant, il convient de souligner la difficulté qui pourrait se poser aux paysans quant à la collecte de cette quantité importante d'urines. Face à une telle contrainte, on ne peut envisager de valoriser les urines seules comme source de phosphore. On pourrait envisager leur combinaison avec d'autres formes de fertilisants (matière organique par exemple) pour augmenter leur efficience.

3.1.4- Effets des fèces sur la production du maïs

3.1.4.1-Résultats

- Effets sur la levée et la croissance des plants

Les résultats sont présentés dans le tableau 8.

Tableau 8 : Effets des fèces sur la levée et la hauteur des plants de maïs

Traitement	Taux de levée %	ht_moy 1ère mes. 30e jour (cm)	ht_moy 2e mes. 60e jour (cm)
Témoin	96	37,7^a	44,1^a
NK	92	39,5^a	61,9^a
Fèces Q	99	86,7^b	112,1^b
Fèces Q/2	99	79,1^b	111,5^b
Fèces (Q+Q/2)	99	89,6^b	117,7^b
FMV	97	53,0^a	109,2^b
Signification	*NS*	*THS*	*THS*
Probabilité	*0,057*	*< 0,001*	*< 0,001*

les moyennes affectées d'une même lettre dans une même colonne ne sont pas significativement différentes au seuil de 5% par la méthode de Student-Newman-Keuls. ht = hauteur ; moy = moyenne ; mes. = mesure ; NS=Non Significatif (P>0,05) ;THS = Très Hautement Significatif (P<0,001).

De ces résultats il ressort que pour le taux de levée, il n'y a pas de différences significatives entre les traitements.

Pour les hauteurs des plants au trentième jour, toutes les doses de fèces forment un groupe homogène significativement supérieur au groupe homogène formé par la fumure minérale, le témoin et le traitement NK. On observe une tendance à l'amélioration de la croissance en augmentant la dose de fèces. Les mesures du soixantième jour montrent que seule la fumure minérale se classe maintenant avec le groupe des fèces alors que le témoin et le traitement NK sont homogènes et donnent toujours les plus faibles hauteurs. Bien que ces deux derniers traitements forment un groupe homogène, on observe tout de même une amélioration de la hauteur lorsque l'azote et le potassium sont suffisants (traitement NK).

- *Effets sur les composantes du rendement et les rendements*

Les résultats sont présentés dans le tableau 9 et par la figure 6.

Tableau 9 : Effets des fèces sur les composantes du rendement et les rendements du maïs

Traitement	Poids de 1000 grains (g)	Nbre d'épis/ha	*Nbre de rangées par épis	Rendement grains (t ha^{-1})	Rendement paille (t ha^{-1})
Témoin	110,78^a	52604^a	8^a	0,13^a	0,25^a
NK	124,43^a	61198^{ab}	10^b	0,22^a	0,47^a
Fèces Q	155,32^b	77865^b	13^c	1,35^b	3,32^b
Fèces Q/2	140,57^a	68229^a	12^c	1,16^b	2,64^b
Fèces (Q+Q/2)	163,70^c	75260^b	13^c	1,09^b	3,17^b
FMV	122,86^a	68750^a	13^c	1,05^b	2,54^b
Signification	THS	HS	THS	THS	THS
Probabilité	<0,001	0,002	< 0,001	< 0,001	< 0.001

*les moyennes affectées d'une même lettre dans une même colonne ne sont pas significativement différentes au seuil de 5% par la méthode de Student-Newman-Keuls. Nbre = nombre ; *moyenne sur 5 épis ; HS = Hautement Significatif (P<0,01) ; THS = Très Hautement Significatif (P<0,001).*

Pour le poids de 1000 grains, on constate qu'il augmente quand on augmente les quantités de fèces donc à une dose supérieure en phosphore. En effet, il est meilleur avec la forte dose de fèces (Q+Q/2). Par contre, l'absence du phosphore (NK) n'a pas eu d'influence négative sur le poids de 1000 grains comparativement à la fumure minérale complète NPK. Le témoin, le traitement NK, la dose de fèces de Q/2 et la fumure minérale vulgarisée ne sont pas statistiquement différents. Néanmoins, à la dose de 490 kg ha^{-1} de fèces (Q/2) on améliore plus le poids de 1000 grains que la fumure minérale vulgarisée et les plus faibles valeurs sont observées au niveau du témoin.

Pour le nombre d'épis on constate qu'il s'améliore lorsqu'on passe d'une dose des fèces faible (Q/2 = 490 kg ha^{-1}) à Q, alors que de Q à Q+Q/2 il n'y a pas d'augmentation du nombre d'épis. Les traitements témoin, NK, fèces Q/2 et la fumure minérale vulgarisée ne sont pas statistiquement différents. Cependant, on constate numériquement que le témoin donne le plus faible nombre d'épis. La dose normale fèces Q donne un nombre d'épis statistiquement supérieur à celui obtenu avec la fumure minérale vulgarisée.

Par ailleurs, en se référant au tableau 9, on remarque que pour les rendements grains l'expérience n'a pas révélé de différences significatives entre les trois doses de fèces et la fumure minérale (1,05 t ha^{-1}). Cependant, les tendances numériques montrent un rendement grains plus important avec la dose Q (1,35 t ha^{-1}) suivie de la dose Q/2 (1,16 t ha^{-1}). L'augmentation de la dose de fèces à Q+Q/2 n'entraîne pas une augmentation du rendement grains (1,09 t ha^{-1}). Elle conduit même à une baisse par rapport à la dose Q.

Pour les rendements paille, les 3 doses de fèces et la fumure minérale ne sont pas statistiquement différentes, mais numériquement la dose normale Q se révèle encore meilleure (3,32 t ha^{-1}). L'augmentation de la dose de fèces à Q+Q/2 ne permet pas une augmentation de la production de paille par rapport à la dose Q. Elle permet une production en paille de 3.16 t ha^{-1}

Le témoin et le traitement NK donnent les plus faibles rendements grains (respectivement de 0,13 t ha^{-1} et 0,22 t ha^{-1}) et paille (respectivement de 0,25 tha^{-1} et 0,47 t ha^{-1}).

3.1.4.2-Discussion

Les analyses statistiques montrent que les fèces sont sans effet néfaste sur la levée du maïs.

La taille plus élevée dès le trentième jour, des plants ayant reçu les fèces traduit une croissance plus rapide avec ces fertilisants. On peut expliquer cela non seulement par le fait que les fèces tout comme le fumier améliorent l'alimentation hydrique des plants (Ouattara, 2000), mais aussi par le fait qu'ils sont riches en éléments nutritifs majeurs et surtout disponibles, vu le faible rapport C/N des fèces. En outre, Esray *et al.* (2001), Schow *et al.* (2002) et Björn *et al.* (2004) ont montré que les fèces sont également riches en micronutriments pouvant jouer un rôle majeur dans la croissance des plants.

Toutes les trois doses de fèces permettent une production statistiquement de même niveau que la fumure minérale. La meilleure production est obtenue avec la dose de 980 kg fèces ha^{-1}. Cette dose semble plus intéressante dans la mesure où elle permet d'atteindre un objectif double de production (grains et paille) et que l'augmentation de la dose de 980 à 1470 kg fèces ha^{-1} n'est pas économique car n'entraîne pas une augmentation des rendements. Elle donne même une production en grains inférieure à celle de la faible dose de 490 kg fèces ha^{-1}. Nous pensons que ce résultat est lié au fait que la forte dose a favorisé une croissance végétative au dépend de la production de grains.

3.1.5- Effets combinés urine- fèces sur la production du maïs

3.1.5.1-Résultats

- *Effets sur la levée et la croissance des plants*

Les résultats sont présentés dans le tableau 10.

Pour le taux de levée, l'expérience ne révèle pas de différence significative entre les traitements présentés. A la première mesure de hauteur (30 jours après semis) on constate que la combinaison urine-fèces et fèces Q/2 forment un groupe homogène supérieur au groupe des traitements : urines Q/2, témoin et fumure minérale vulgarisée.

A la deuxième mesure de hauteur (60 jours après semis) on constate que le traitement mixte urine-fèces devient statistiquement supérieur au traitement fèces Q/2. La croissance au niveau du témoin est restée très faible.

Tableau 10 : Effets du traitement mixte urine -fèces sur la levée et la hauteur des plants de maïs

Traitement	Taux de levée %	ht_moy 1^{ère}mes. 30^e jour (cm)	ht_moy 2^e mes. 60^e jour (cm)
Témoin	96	37,7^a	44,1^a
FMV	97	53,0^a	109,2^b
Urine Q/2	99	43,1^a	96,7^b
Fèces Q/2	99	79,1^b	111,5^b
Urine Q/2+Fèces Q/2	99	81,6^b	137,5^c
Signification	NS	THS	THS
Probabilité	0,057	< 0,001	< 0,001

les moyennes affectées d'une même lettre dans une même colonne ne sont pas significativement différentes au seuil de 5% par la méthode de Student-Newman-Keuls. ht = hauteur ; moy = moyenne ; mes. = mesure ; NS=Non Significatif (P>0,05) ;THS = Très Hautement Significatif (P<0,001).

- Effets sur les composantes du rendement et les rendements du maïs

Les résultats sont présentés dans le tableau 11.

Tableau 11 : Effets du traitement mixte urine- fèces sur les composantes du rendement et les rendements du maïs

Traitement	Poids de 1000 Grains (g)	Nbre d'épis/ha	*Nbre de rangées par épis	Rendement grains (t ha^{-1})	Rendement paille (t ha^{-1})
Témoin	110,78^a	52604^a	8^a	0,13^a	0,25^a
FMV	122,86^a	68750^a	13^b	1,05^b	2,54^{bc}
Urine Q/2	125,89^a	73438^b	11^b	0,79^b	1,67^b
Fèces Q/2	140,57^b	68229^a	12^b	1,16^b	2,64^{bc}
Urine Q/2+Fèces Q/2	149,85^b	80208^b	12^b	2,15^c	3,6^c
Signification	*S*	*HS*	*THS*	*THS*	*THS*
Probabilité	*0,001*	*0,002*	*< 0,001*	*< 0,001*	*< 0,001*

*Ies moyennes affectées d'une même lettre dans une même colonne ne sont pas significativement différentes au seuil de 5% par la méthode de Student-Newman-Keuls. Nbre = nombre ; *moyenne sur 5 épis ; HS =Hautement Significatif (P<0,01) ; THS = Très Hautement Significatif(P<0,001).*

Pour le poids de 1000 grains, le traitement mixte et les fèces à la dose de 490 kg ha^{-1} (Q/2) sont significativement supérieurs aux traitements témoin, fumure minérale et urines Q/2. Ces trois derniers traitements forment un groupe homogène où le témoin donne le plus faible poids.

Pour le nombre d'épis, on remarque que le traitement mixte est significativement supérieur aux autres traitements considérés. Ces traitements forment également un groupe homogène où le témoin donne la plus faible valeur.

Pour le nombre de rangées par épis, on constate que seul le témoin est statistiquement inférieur à tous les autres traitements considérés.

Ces résultats montrent également que pour les rendements grains le traitement mixte est meilleur (2,15 t ha^{-1}). Il est significativement supérieur aux autres traitements considérés qui donnent tous moins de 1,5 t ha^{-1}. Ces traitements forment un groupe statistiquement homogène mais les tendances montrent que le traitement fèces Q/2 est supérieur (1,16 t ha^{-1}) à la fumure minérale (1,05 tha^{-1}), au traitement urines Q/2 (0,79 t ha^{-1}) et au témoin (0,13 t ha^{-1}).

Pour les rendements paille, le traitement mixte forme un groupe homogène avec les traitements fèces Q/2 et la fumure minérale vulgarisée, avec tout de même une supériorité numérique de la combinaison urines-fèces (3,6 t ha^{-1}) suivi du traitement fèces Q/2 (2,64 t ha^{-1}) puis de la fumure minérale vulgarisée (2,54 t ha^{-1}). Le traitement urine Q/2 est statistiquement inférieur (1,67 t ha^{-1}) au traitement mixte urine-fèces.

3.1.5.2-Discussion

De tous les traitements effectués, la combinaison des urines aux fèces donne la meilleure croissance des plants, les meilleures composantes de rendements. Ceci s'est traduit vraisemblablement par de meilleurs rendements grains et paille. On peut qualifier ce phénomène d'un « effet synergique » entre les deux types de fertilisants. Tout se passe ici comme une combinaison d'engrais minérale à la matière organique (fumier ou compost) dont les effets ont été étudiés par Pichot *et al.* (1981), Ganry (1990), Hien (1990), Bationo *et al.* (1991), Bado *et al.* (1997). Ces auteurs avancent que l'utilisation concomitante de la matière organique et des engrais minéraux réduit les pertes et favorise l'alimentation minérale et hydrique des cultures conduisant ainsi à une augmentation des rendements. Cette combinaison peut être considérée comme une alternative pour pallier la difficulté de valorisation des urines seules comme source de phosphore. En effet, avec la combinaison la quantité d'urines nécessaire devient moindre (20370 litres ha^{-1}) comparativement à l'urine seule à forte dose (61110 litres ha^{-1}) ; ce qui amoindri du même coup les tâches de collecte. D'autre part, N-urines pourrait être apporté en deuxième fraction à la fin de la montaison comme nous l'avions fait.

Ce produit mixte fèces + urines répond mieux à l'objectif de valorisation agronomique des excréta humains car le fournisseur est le même (Homme).

3.2- Conclusion

La richesse en éléments nutritifs des excréta humains est certaine. En effet, les urines sont très riches en azote et faiblement en phosphore et en potassium. Les fèces sont à la fois riche en azote, en phosphore, en potassium et leur rapport C/N est intéressant sur le plan agronomique.

D'une manière générale les excrétas humains ont un effet positif sur les productions agricoles.

Les urines améliorent la production des aubergines au même niveau que la fumure minérale. Cependant, il serait intéressant de rechercher des doses optimales afin de pallier les effets néfastes sur le taux de reprise.

Pour la production du maïs, les urines ne peuvent être valorisées qu'à une dose forte (61110 litres ha^{-1}). Pour les fèces la dose de 980 kg ha^{-1} est plus intéressante. La combinaison des urines aux fèces permet une meilleure production par rapport à tous les autres traitements grâce à un effet synergique des deux types de fertilisants. Les urines et les fèces sont sans effet néfaste sur la levée du maïs.

Si il est clair que les excréta humains sont riches en éléments nutritifs et améliorent les productions agricoles tout en restant compétitifs à la fumure minérale, il convient aussi d'étudier leurs effets sur les sols afin de mieux se prononcer sur les doses optimales et sur leur valorisation agronomique de façon générale.

3.3- Effets des excréta humains sur le sol après les productions agricoles et efficiences de N et P apportés en milieu paysan

3.3.1-Effets des urines après la production des aubergines

3.3.1.1-Résultats

Les résultats sont présentés dans le tableau 12. Ces résultats sont issus de la différence en N, P, K et pH entre le sol après culture et le sol avant culture.

Tableau 12 : Effets des fertilisants sur le bilan chimique du sol après les aubergines

Traitement	Horizon (cm)	ΔN total ($g\ kg^{-1}$ sol sec)	ΔP_2O_5 total ($mg\ kg^{-1}$ sol sec)	ΔK_2O total	ΔpHeau
FMV	0-20	-0,02	+68,16	+1,47	-0,22
	20-40	-0,01	+22,5	-151,09	-0,10
Urines	0-20	+0,14	+45,01	+181,19	-0,15
	20-40	+0,18	+22,19	-9,59	-0,33
PK	0-20	+0,21	+136,14	+208,43	+0,25
	20-40	+0,13	+21,87	-8.04	+ 0,32

On remarque à travers ces résultats que :

• en surface, la fumure minérale n'améliore pas le stock d'azote tandis qu'il améliore le stock de phosphore et de potassium. En revanche, les urines améliorent les stocks de ces trois éléments ;

• en profondeur, on note une amélioration du stock d'azote et de phosphore avec les urines et seulement une amélioration du stock de phosphore avec la fumure minérale ;

• on note avec la fumure PK, une amélioration du stock d'azote et de phosphore sur les deux horizons et de potassium seulement en surface ;

• par ailleurs, on constate que les urines n'améliorent pas l'acidité du sol. Elles entraînent même une acidification sur les deux horizons tout comme la fumure minérale.

3.3.1.2-Discussion
Les urines contrairement à la fumure minérale ont amélioré légèrement le stock d'azote. Pourtant le fort développement végétatif des plants ayant reçu les urines et

l'aspect très vert des feuilles nous laissent penser que le prélèvement de l'azote a été important à ce niveau. Ce qui devrait faire baisser le stock d'azote. En fait, ces résultats peuvent trouver une explication : l'azote apporté par les urines ou par la fumure minérale (urée) n'est pas totalement utilisé par les plantes et l'urée peut être sujet à des risques de perte par lixiviation ou dénitrification compte tenu de l'eau d'irrigation.

L'effet améliorateur du traitement PK peut s'expliquer par le fait que cette fumure incomplète a déséquilibré le milieu, ce qui n'a pas permis un fort prélèvement des éléments par la culture. Il peut s'agir d'une carence induite par le manque de N ; en ce moment, le P et K deviennent excessifs et ne sont pas utilisés par la plante.

Les urines malgré leur pH basique (chap. 3, tableau 2) n'ont pas pu améliorer l'acidité du sol. Elles entraînent même une acidification du sol. Elles ont eu un effet positif sur les stocks d'azote, de phosphore et de potassium en surface. Les urines se comportent donc comme la fumure minérale vis à vis de l'acidité du sol et de la disponibilité en N, P, K. On peut les utiliser comme engrais azotés d'entretien pour leur richesse en N immédiatement disponible.

3.3.2- Effets des urines après la production du maïs

3.3.2.1-Résultats

Les résultats sont présentés dans le tableau 13. Ces résultats sont issus de la différence en N, P et pH entre le sol après culture et le sol avant culture.

Ces résultats montrent que pour l'azote en surface, la dose normale Q (40740 litres ha^{-1}) et la forte dose Q+Q/2 (61110 litres ha^{-1}) l'améliorent de façon identique, alors que la faible dose Q/2 (20370 litres ha^{-1}) et la fumure minérale ne l'améliorent pas.

Pour l'azote en profondeur, on note aussi une amélioration avec la forte dose et la faible dose et aucune amélioration avec la fumure minérale et la dose Q. On remarque aussi que le traitement NK améliore l'azote en surface et en profondeur.

Pour ce qui est du stock de phosphore, aucune amélioration n'est à noter avec les urines et la fumure minérale ; on note même de fortes exportations sur les deux horizons.

En outre, on constate que pour l'acidité du sol, la dose Q (40740 litres ha^{-1}) entraîne une légère amélioration en surface et en profondeur. La forte dose améliore l'acidité en surface, alors qu'elle entraîne une légère acidification en profondeur. La faible dose entraîne une acidification plus marquée en surface. On note une acidification avec la fumure minérale vulgarisée et le traitement NK sur les deux horizons.

Tableau 13 : Effets des urines sur le bilan chimique du sol après le maïs

Traitement	Horizon (cm)	ΔN total (g kg^{-1} sol sec)	ΔP_2O_5 total (mg kg^{-1} sol sec)	$\Delta pHeau$
NK	0-20	+0,06	-0,23	-0,56
	20-40	+0,11	-74,20	-0,35
Urines Q	0-20	+0,06	-49,92	+0,09
	20-40	0	-74,43	+0,12
Urines Q/2	0-20	-0,05	-74,65	-0,35
	20-40	+0,11	-50,15	-0,06
Urines (Q+Q/2)	0-20	+0,06	-74,88	+0,05
	20-40	+0,05	-74,88	-0,24
FMV	0-20	0	-26,79	-0,49
	20-40	0	-76,03	-0,57

3.3.2.2-Discussion

L'amélioration du pH avec la dose normale d'urines Q (peut s'expliquer par le fait que cette dose permet un équilibre entre les différents éléments ; alors que la faible dose et la forte dose peuvent induire des déséquilibres pouvant expliquer leur effet acidifiant. Cependant, cette amélioration n'est pas très marquée. L'amélioration du stock d'azote avec le traitement NK peut s'expliquer par le fait que le déséquilibre (insuffisance de P) a entraîné une carence induite en azote ce qui a entraîné un faible prélèvement de cet élément par les plants. On ne note pas de différences très remarquables entre les trois doses d'urines vis à vis des caractéristiques chimiques déterminées, pouvant conduire au choix d'une dose optimale. De façon générale, les caractéristiques chimiques du sol n'ont pas été améliorées par les urines. Elles se sont plutôt comporter comme un engrais minéral liquide pour l'entretien des cultures.

3.3.3- Effets des fèces après la production du maïs

3.3.3.1-Résultats

Les résultats sont présentés dans le tableau 14. Ces résultats sont issus de la différence en N, P, matière organique et pH entre le sol après culture et le sol avant culture.

Tableau 14 : Effets des fèces sur le bilan chimique du sol après le maïs

Traitement	Horizon (cm)	ΔN total (g kg^{-1} sol sec)	ΔP$_2$O$_5$ total (mg kg^{-1} sol sec)	ΔMO (%)	ΔpHeau
NK	0-20	+0,06	-0,23	-0,02	-0,56
	20-40	+0,11	-74,20	-0,01	-0,35
Fèces Q	0-20	+0,06	-75,11	+0,06	+0,06
	20-40	0	-50,84	+0,01	+0,14
Fèces Q/2	0-20	+0,06	-26,34	+0,07	+0,19
	20-40	+0,37	+242,51	-0,01	-0,15
Fèces (Q+Q/2)	0-20	+0,43	+266,56	-0,02	+0,18
	20-40	0	-51,30	+0,01	-0,03
FMV	0-20	0	-26,79	-0,12	-0,49
	20-40	0	-76,03	-0,08	-0,57
Fèces Q/2+Urines Q/2	0-20	+0,06	-100,53	+0,02	+0,23
	20-40	+0,11	-100,53	0	+0,16

On remarque à travers ces résultats que toutes les doses de fèces améliorent le stock d'azote en surface et seule la dose Q/2 améliore les deux horizons. L'amélioration est plus marquée avec la faible dose Q/2 (490 kg ha^{-1}) en profondeur et la forte dose (1470 kg ha^{-1}) en surface.

Le stock de phosphore connaît une amélioration importante avec la faible dose et la forte dose respectivement en profondeur et en surface.

Pour la matière organique du sol on note des pertes avec la faible dose et la forte dose respectivement en profondeur et en surface. La dose normale Q améliore les deux horizons, mais cette amélioration est beaucoup plus marquée en surface.

L'acidité du sol connaît une légère amélioration avec les fèces. En effet, la dose Q relève le pH sur les deux horizons et les doses Q/2 et (Q+Q/2) ont le même effet uniquement en surface.

Par ailleurs, on remarque un effet positif avec la combinaison des urines et fèces sur le stock en azote, en matière organique et sur l'acidité du sol. Cependant, cette combinaison n'améliore pas le stock de phosphore sur les deux horizons.

3.3.3.2-Discussion

Les pertes du stock de matière organique observées avec la fumure minérale et le traitement NK sont vraisemblablement dues à la minéralisation favorisée par l'azote engrais ; ce qui a vraisemblablement provoqué une acidification du sol.

Les fèces contrairement à la fumure minérale impliquent un apport organique ; pour ce faire, ils ont amélioré le taux de matière organique du sol en profondeur ou en surface ce qui a vraisemblablement permis une amélioration de l'acidité du sol. Ces effets bénéfiques des fèces vis à vis des caractéristiques chimiques du sol s'apparentent à ceux des substrats organiques du moment (fumier, compost) qui ont été mis en évidence par plusieurs chercheurs dont Bonzi, (1989) ; Kambiré, (1994).

La dose Q correspondant à une quantité de 980 kg fèces ha^{-1} améliore mieux les propriétés chimiques du sol. Cette dose peut donc servir comme amendement car permet en réalité de maintenir le niveau de matière organique du sol. Au vu de la faible amélioration du taux de matière organique, il semble indiqué que pour améliorer réellement ce facteur, il faudrait des quantités beaucoup plus importantes de fèces. Ceci pourrait faire l'objet d'études ultérieures.

3.3.4- Taux de recouvrement et efficience de N-urines pour les aubergines

3.3.4.1-Résultats

Les résultats sont présentés dans le tableau 15.

Tableau 15 : Teneur en N des fruits, taux de recouvrement de N et efficience du kg de N pour les aubergines

Traitement	Teneur en N des fruits g kg^{-1} fruits	Taux de recouvrement de N (%)	Efficience (kg fruits/kg N)
FMV	22,5	49^a	333^a
Urines	27,5	67^b	242^a
Signification		HS	NS
Probabilité		0,002	0,055

Les moyennes affectées d'une même lettre dans une même colonne ne sont pas significativement différentes au seuil de 5% par la méthode de Student-Newman-Keuls HS = Significatif (p<0,01) ; NS = Non Significatif (p>0,05).

Le taux de recouvrement de l'azote des urines est significativement supérieur à celui de la fumure minérale. Les analyses statistiques ne révèle pas de différences significatives entre les quantités de fruits produits par kg d'azote provenant des urines et celui de la fumure minérale. La teneur en azote des fruits avec les urines est numériquement supérieure à celle obtenue avec la fumure minérale vulgarisée.

3.3.4.2-Discussion

Le taux de recouvrement de l'azote des urines est significativement supérieur à celui de la fumure minérale. On peut expliquer ce résultat par le fait que la forme liquide des urines a vraisemblablement facilité le prélèvement de l'azote, confirmant ainsi les propos de Kirtchman et Pettersson (1995). En effet, ces auteurs ont montré que les nutriments contenus dans les urines sont facilement prélevés par les cultures, étant donné qu'ils sont à l'état solubilisé.

Le fort taux de recouvrement de l'azote des urines pourrait expliquer l'abondance des feuilles, leur aspect très vert et le prolongement de la récolte obtenu avec ce traitement.

Ce taux de recouvrement de près de 70 % est une donnée très intéressante dans la mesure où l'utilisation des urines permettrait de réduire les risques de pollution environnementale par les nitrates. En effet selon Bonzi (2002), l'utilisation des grandes quantités d'engrais azotés surtout en maraîchage est un risque fort de pollution des nappes phréatiques et d'eutrophisation des rivières et des barrages.

Les urines semblent améliorer la teneur en azote des fruits par rapport à la fumure minérale. On peut penser alors que la valeur protéique des fruits est améliorée avec les urines ; ce qui représente un intérêt en matière de nutrition. Cependant, ces données numériques ne nous autorisent pas à affirmer ces propos. Des investigations devront se poursuivrent afin de vérifier ces résultats.

3.3.5-Taux de recouvrement et efficience de P –urines et P-fèces pour le maïs

3.3.5.1-Résultats

Les résultats sont présentés dans le tableau 16.

Tableau 16 : Taux de recouvrement de P et efficience du kg de P pour le maïs

Traitement	Taux (%)	Efficience (kg grains/kg P)	Efficience (kg paille/ kg P)
Urines Q	46^a	91	267
Urines Q/2	30^a	146	325
Urines (Q+Q/2)	47^a	158	406
Fèces Q	64^{bc}	128	317
Fèces Q/2	41^a	161	418
Fèces (Q+Q/2)	63^{bc}	101	304
FMV	55^{ab}	108	278
Urines Q/2+Fèces Q/2	92^c	146	240
Signification	*HS*	*NS*	*NS*
Probabilité	*0,001*	*0,117*	*0,051*

Les moyennes affectées d'une même lettre dans une même colonne ne sont pas significativement différentes au seuil de 5% par la méthode de Student-Newman-Keuls. NS = Non Significatif (p>0,05) ; *HS = Hautement Significatif (p<0,01).*

Ces résultats montrent que les différents traitements effectués ont eu un effet significatif sur le taux de recouvrement du phosphore.

On constate que pour toutes les doses d'urines le taux de recouvrement est inférieur à 50 % mais ne diffère pas significativement de celui de la fumure minérale qui atteint 50 %.

Pour les fèces, la dose Q/2 (490 kg ha^{-1}) donne un taux de recouvrement significativement inférieur à ceux obtenus avec la fumure minérale, la dose Q (980 kg ha^{-1}) et la dose Q+Q/2 (1470 kg ha^{-1}). Ces trois derniers traitements forment un groupe homogène où la fumure minérale se montre numériquement inférieure.

On remarque par ailleurs que de tous les traitements, la combinaison urines et fèces donne le taux de recouvrement le plus élevé mais se classe avec ceux de la dose Q et Q+Q/2. En effet, sur 100 kg de phosphore apportés sous forme combinée urines et fèces, seulement 8 kg ne sont pas utilisés par la culture contre 59 et 70 respectivement pour la dose Q/2 de fèces et la dose Q/2 d'urines.

Par ailleurs, on note que pour les efficiences du phosphore, les analyses statistiques montrent que pour 1 kg de phosphore utilisé les quantités de grains ou de paille produites ne diffèrent pas significativement quelque soit la source d'apport du phosphore.

3.3.5.2-Discussion

Au taux de recouvrement de P le plus élevé correspond le rendement le plus élevé ; ceci confirme le rôle majeur du phosphore dans la production du maïs. Toutes les doses d'urines donnent un taux de recouvrement de moins de 50 % ; ce qui montre réellement la difficulté de valorisation des urines comme source de phosphore pour le maïs. Par contre, les fèces donnent des taux de recouvrement acceptables aux doses Q et Q+Q/2 alors que la dose Q/2 n'est pas différente des urines et de la fumure minérale.

La combinaison des urines aux fèces a augmenté l'utilisation du phosphore apporté avec un taux de recouvrement fort (92 %). On peut penser que les urines rendent plus disponible le phosphore des fèces. Il peut s'agir par exemple d'un effet de solubilisation. Cette donnée montre que la valorisation des urines en culture de maïs nécessite une combinaison avec les fèces.

3.4- Conclusion

Les résultats obtenus montrent que les urines aux doses apportées sont sans effet améliorant les valeurs chimiques du sol aussi bien en culture irriguée qu'en culture pluviale. Elles ont un bon taux de recouvrement de N et un faible taux de recouvrement de P. Elles peuvent être utilisées comme engrais azoté liquide d'entretien, préservateur de l'environnement (N-urines est fortement utilisé, 67 %).
Les fèces aux doses utilisées n'améliorent pas de façon remarquable les propriétés chimiques du sol. On enregistre une faible amélioration de la matière organique du sol. Ils ont cependant un bon taux de recouvrement de P. Partant de ceci, on pourrait penser qu'aux doses utilisées ici on ne peut que maintenir le niveau de matière organique du sol. Aussi pour l'améliorer il faudra des doses beaucoup plus importantes.
Pour la majorité des sols du Burkina Faso, les fèces sont mieux indiqués par leur richesse en P. Il faut souligner d'ailleurs que P des fèces est très utilisé par le maïs (64 % de recouvrement). Ainsi, on peut penser que les fèces sont un amendement organique intéressant, mais il faut de plus grandes quantités afin de pouvoir améliorer significativement le taux de matière organique du sol.
La combinaison des urines et fèces est la meilleure forme (aux doses de 490 kg fèces ha^{-1} et 20370 litres urines ha^{-1}) car favorise un recouvrement presque total de P (92 %).
En perspective, il faut mener des études de façon à déterminer les doses d'urines et de fèces permettant d'améliorer les propriétés physico-chimiques des sols et la valeur nutritive (protéiques) des grains et des tiges (alimentation de bétail).

3.5- Dose optimale d'urines pour la production des aubergines et évolution de l'azote des urines dans le sol : essais en milieu contrôlé (vase de végétation et incubation de sols)

3.5.1- Recherche d'une dose optimale d'urines pour la production d'aubergines

3.5.1.1-Résultats

- Effets sur la reprise des plants

Les résultats présentés par la figure 4 montrent que le taux de reprise est faible avec la forte dose Q+Q/2 (50 % de mortalité) alors que pour la faible dose Q/2, et la fumure minérale vulgarisée, tous les plants repiqués ont repris après les premiers apports de fertilisants. La dose normale Q entraîne une mortalité de 25 %. On remarque que la fumure minérale incomplète (PK) entraîne aussi une mortalité de 50 % alors qu'au niveau du témoin, tous les plants ont repris.

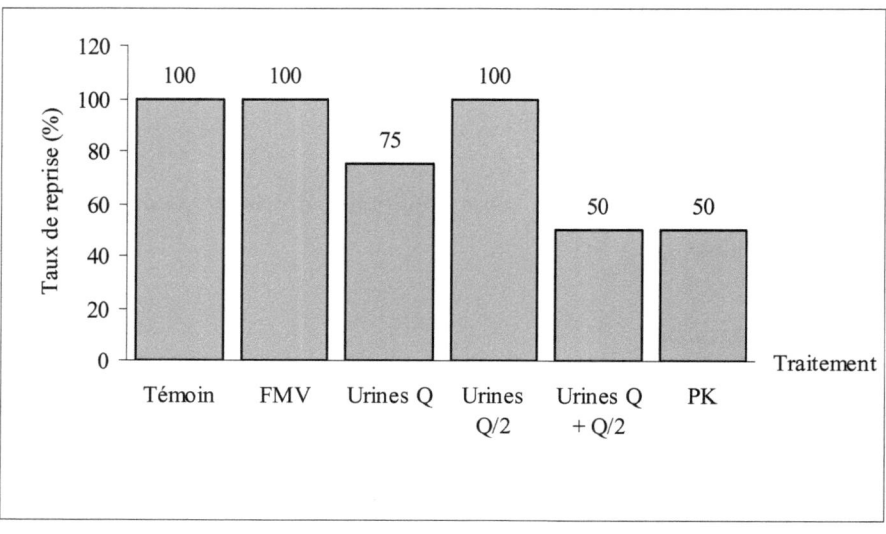

Figure 4 : Taux de reprise des aubergines en fonction des traitements

-Effets sur la croissance en hauteur des plants

La figure 5 montre qu'aux premières mesures, la croissance est meilleure avec la dose Q et la fumure minérale alors qu'elle reste faible avec les doses Q+Q/2 et Q/2. A la dernière mesure, la dose Q/2 se révèle meilleure tandis que la forte dose Q+Q/2 donne une faible croissance (cf. *photos en annexe 4*). On remarque par ailleurs que le témoin et la fumure incomplète PK donnent les plus faibles croissances avec tout de même une supériorité du témoin.

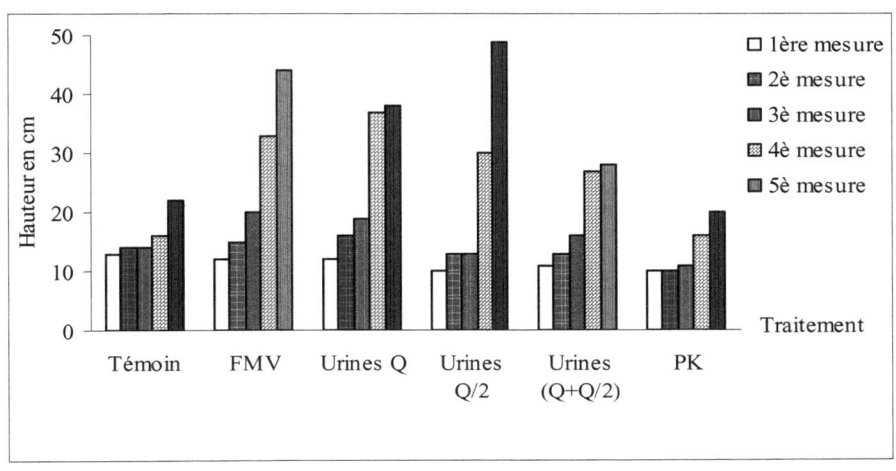

Figure 5: Effets des doses d'urines sur la croissance en hauteur de l'Aubergine

-*Effets sur la croissance en diamètre des plants*

Les résultats sont illustrés par la figure 6

Cette figure montre que pour la croissance en diamètre, les différences sont peu perceptibles entre la fumure minérale et les 3 doses d'urines. Ces 4 traitements donnent les meilleures croissances par rapport au témoin et à la fumure minérale incomplète PK. On constate à la dernière mesure que le témoin se révèle meilleur par rapport au traitement PK.

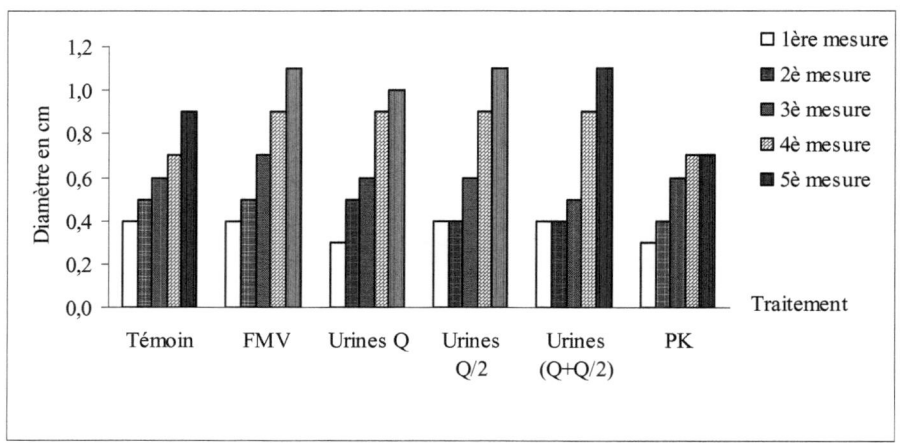

Figure 6 : Effets des doses d'urines sur la croissance en diamètre de l'Aubergine

-*Effets sur la floraison*

Les résultats présentés par la figure 7 montrent que la forte dose semble influencer négativement la floraison, contrairement à la dose Q/2 qui est suivi de la dose Q. On remarque que comparativement à la fumure minérale vulgarisée, la floraison avec la dose Q/2 débute tardivement mais se révèle meilleure avec le temps. Le témoin donne une floraison faible et reste au même niveau que la fumure incomplète PK.

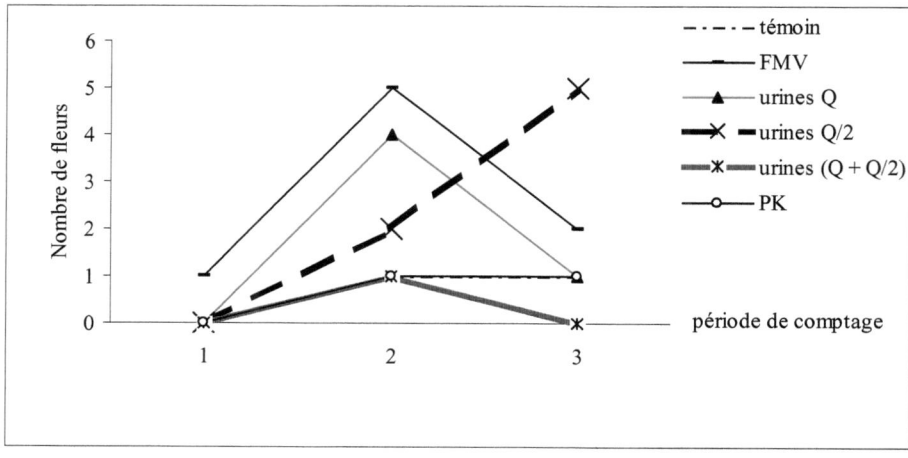

Figure 7 : Influence des traitements sur la floraison de l'Aubergine

3.5.1.2- Discussion

Les résultats obtenus montrent que la dose Q/2 permet une meilleure croissance et un meilleur développement de l'aubergine. Ces résultats vont vraisemblablement déterminer les rendements puisque la dernière mesure a été effectuée à 3 mois après repiquage correspondant à un début de la production.

La forte dose Q+Q/2 ne permet pas un bon comportement des plants. Ceci est vraisemblablement dû au fait que la forte concentration en azote peut induire une toxicité du milieu. Nous avons observé que les plants manifestaient un stress immédiatement après le premier apport de cette dose. Ce qui a conduit vraisemblablement à une forte mortalité.

La dose Q se révèle meilleure que la dose Q+Q/2 et entraîne néanmoins une mortalité assez élevée (25 %). Ce résultat confirme l'effet négatif sur la reprise des plants obtenu en milieu paysan (*chap.3, tableau 4*) et peut traduire aussi une toxicité du milieu.

De façon générale, les plants se comportent mieux au niveau du témoin qu'au niveau du traitement PK. Nous pensons que cela est dû au fait que la fumure incomplète PK déséquilibre le milieu et peut causer des carences induites. La floraison avec les urines semble débuter tardivement comparativement à la fumure minérale vulgarisée. Ceci confirme le prolongement de la récolte constaté en milieu paysan avec les urines (*Chap.3, figure 3*). De l'analyse des résultats obtenus aussi bien en milieu paysan qu'en milieu contrôlé, il ressort que la faible dose d'urines (17185 litres urines ha^{-1}) est la dose optimale agronomique pour la production des aubergines. En effet elle représente une faible quantité, est sans effet néfaste sur la reprise des plants et permet une meilleure production.

3.5.2- Evolution de l'azote des urines au cours d'incubation

Les urines humaines constituent une source d'azote pour les cultures maraîchères et céréalières. Nos investigations en essai vase et en milieu paysan ont permis de montrer cela. Cependant, les urines ne peuvent être utilisées qu'après dilution à

100 % avec de l'eau. Des études antérieures menées par Bonzi et Koné (2004) ont fait ressortir la difficulté d'utilisation des urines pures. Il s'agit de leur forte odeur et les brûlures des plants qu'elles causent. Pourtant, lorsque les urines sont diluées à 100 % avec de l'eau (soit in situ ou avant l'épandage), les odeurs diminuent et la corrosion également. Dans cette partie de l'étude notre objectif est de mieux expliquer ce phénomène de corrosion et d'odeur afin de mieux affiner les méthodes d'épandage de ces « engrais biologiques ».

3.5.2.1-Résultats

-Evolution de la teneur en NH_4^+ des sols incubés

Les résultats sont présentés par la figure 8. Les analyses statistiques sont
présentées en annexe 5.

On remarque qu'à l'instant t0 avant incubation, l'apport d'azote sous forme urines pures et diluées entraîne une augmentation significative de la teneur en azote ammoniacal (NH_4^+) par rapport au témoin. Contrairement à la situation précédente, l'apport de N sous forme d'urée, n'entraîne pas une augmentation significative de la teneur en NH_4^+ comparativement au témoin.

A partir du deuxième jour d'incubation, la teneur en NH_4^+ au niveau de l'urée augmente progressivement et devient statistiquement de même niveau que celle des urines pures au $8^è$ et $10^è$ jour.

La teneur en NH_4^+ des urines pures est toujours statistiquement supérieure à celle des urines diluées sauf à l'instant t0 où elles sont statistiquement au même niveau.

De façon générale, les tendances montrent une baisse des teneurs en azote
ammoniacale au cours de l'incubation pour tous les traitements.

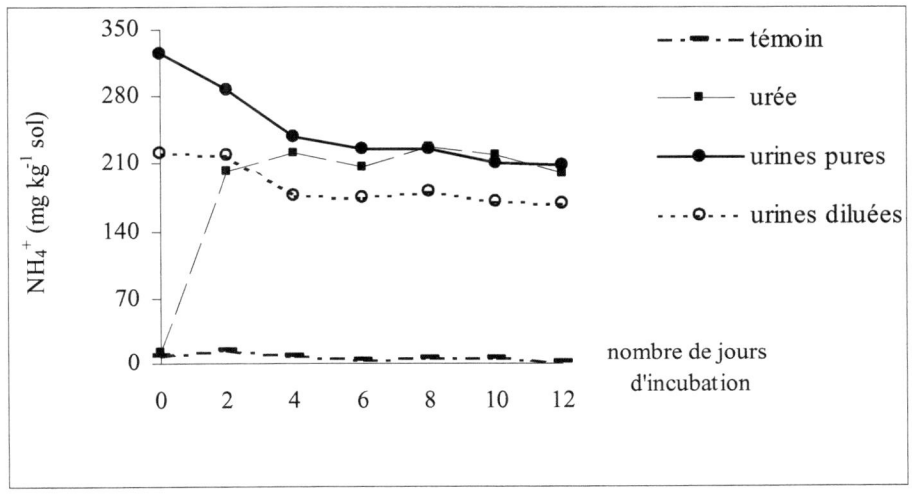

Figure 8 : Evolution de la teneur en NH_4^+ des sols au cours de l'incubation

- *Evolution de la teneur en NO_3^- des sols incubés*

Les résultats sont présentés par la figure 9. Les analyses statistiques sont présentées en annexe 5.

On remarque qu'à l'instant t0 avant incubation, les teneurs en azote nitrique (NO_3^-) de tous les traitements ne sont pas statistiquement différents.

A partir du deuxième jour d'incubation ces teneurs augmentent au niveau du témoin et de l'urée, alors qu'elles baissent d'abord au niveau des urines pures et diluées avant de remonter par la suite. Cette baisse est significativement plus élevée avec les urines pures.

Les tendances montrent une augmentation des teneurs en azote nitrique au cours de l'incubation pour tous les traitements. Cependant, cette augmentation reste significativement faible avec les urines pures.

A la fin de l'incubation la teneur en azote nitrique au niveau des urines diluées est 2 fois supérieure à celles du témoin et de l'urée et près de 20 fois supérieure à celle des urines pures.

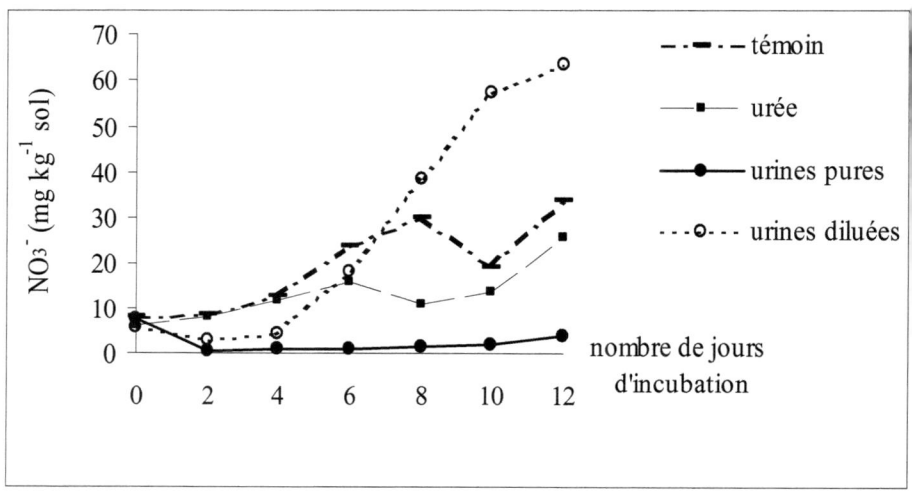

Figure 9 : Evolution de la teneur en NO_3^- des sols au cour de l'incubation

- *Evolution du pH des sols incubés*

Les résultats sont présentés par la figure 10. Les analyses statistiques sont présentées en annexe 5.

On remarque qu'à l'instant t0 avant incubation, le pH des traitements urines pures et diluées sont basiques et statistiquement de même niveau, alors que celui de l'urée est d'abord acide et se classe avec le témoin.

Pendant l'incubation, le pH du traitement urée augmente pour se classer statistiquement avec ceux des urines pures et diluées dont la basicité persiste.

Après 4 jours d'incubation, le pH des traitements urée, urines pures, urines diluées commencent à baisser. Cependant, jusqu'à 12 jours d'incubation le pH des traitements urines pures et urée est resté basique, alors que celui des urines diluées devient légèrement acide (6,4) et statistiquement différent de ces derniers.

Le pH du témoin reste acide tout au long de l'incubation. Il connaît d'abord une baisse jusqu'au 6è jour avant de remonter légèrement entre le 8è et 12è jour.

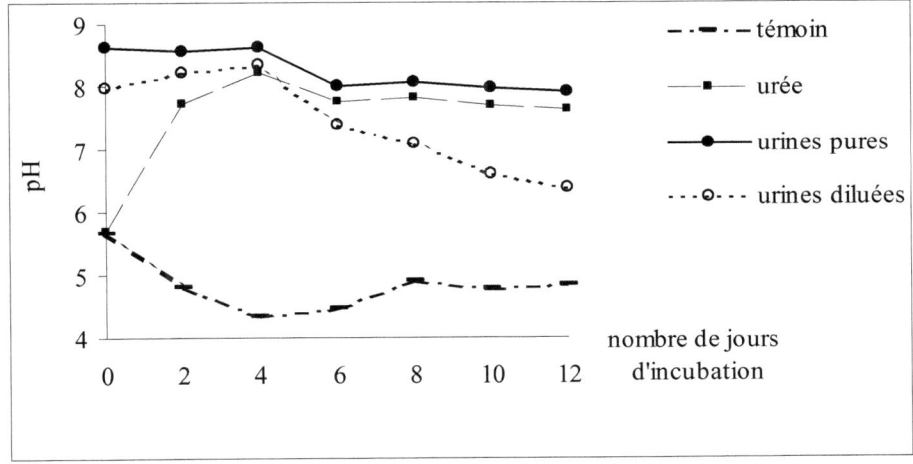

Figure 10 : Evolution du pH des sols au cours de l'incubation

3.5.2.2- Discussion

L'ensemble des résultats obtenus montre que la teneur en azote ammoniacal baisse au cours de l'incubation alors que celle de l'azote nitrique augmente. Ceci traduit les différentes étapes de la minéralisation de l'azote dans le sol : formation d'azote ammoniacal (NH_4^+) et transformation de cet azote ammoniacal en azote nitrique (NO_3^-). Ces résultats sont conformes à ceux de Sedogo (1981) et Bacyé (1993). Selon ce dernier auteur, la minéralisation nette de l'azote dans les sols de bas-fonds se manifeste par une augmentation rapide des teneurs en NO_3^- et une chute des teneurs en NH_4^+ après une semaine d'incubation. On note cependant que les apports d'urines pures semblent bloquer ce phénomène (au moins pendant les 12 jours d'observations). En effet, la nitrification est très faible avec les urines pures. Nous pensons que ceci est dû au fait que les conditions de forte basicité ne permettent pas une meilleure activité microbienne.

A l'instant t0 avant incubation, l'apport de N sous forme d'urines pures ou diluées augmente la teneur en azote ammoniacal, contrairement à l'apport d'urée où la teneur en NH_4^+ reste au même niveau que le témoin. Ce phénomène est dû au fait que l'azote des urines est essentiellement sous forme ammoniacale, alors que celui de l'urée subit d'abord une hydrolyse. Ces résultats sont conformes aux propos de Duthil (1973) ; Sedogo (1981). Selon ces auteurs, l'urée apportée comme fumure azotée dans le sol subit une hydrolyse en ammoniac par une uréase secrétée par de nombreux microorganismes du sol en l'espace d'une semaine.

Les résultats montrent que l'évolution du pH est très liée à celle des formes de l'azote. Conformément aux résultats de Sedogo (1981), au cours de la minéralisation, la libération de NH_4^+ dans le sol augmente le pH. Par contre, dès que se manifeste la nitrification, le pH diminue. Cette diminution est due aux ions NO_3^- acidifiant le milieu avec les ions H^+ en solution. L'acidification est plus marquée dans le cas du sol seul (sans apport d'azote).

La dilution des urines a permis une baisse rapide du pH à une valeur qui semble être optimale à l'activité des bactéries de la nitrification (valeur proche de la neutralité). Ce qui a permis une meilleure nitrification. Dans ces conditions, l'azote nitrique est disponible et les conditions de vie sont favorables à la plante. On peut penser donc que les brûlures constatées avec les urines pures sont liées au fait que la persistance de la basicité du milieu peut élever la succion du sol et bloquer ainsi le prélèvement de l'eau et des éléments nutritifs. La forte odeur des urines est vraisemblablement liée à la forme ammoniacale de l'azote et la dilution permettrait d'atténuer l'épandage de ce gaz nauséabond. Pour faciliter l'épandage et éviter les mauvaises odeurs, nous proposons une dilution dés la collecte. Dans ce cas, chaque bidon de collecte doit contenir au départ une quantité d'eau correspondant à la moitié de la quantité de remplissage du bidon. Ce qui permettrait de surseoir à la dernière étape de l'épandage à savoir l'apport d'eau. Le mode d'épandage deviendrait donc : binage-apport d'urines diluées. Cependant, les urines diluées dès la collecte peuvent ne pas avoir les mêmes effets sur la production que celles diluées au moment de l'épandage. Des études plus poussées pourront donner plus d'indications.

3.6- Conclusion

Les urines utilisées à une dose Q/2 correspondant à 17185 litres ha^{-1} permettent une bonne croissance et un bon développement de l'Aubergine. Ce qui permettrait d'obtenir de bons rendements compétitifs à ceux obtenus avec la fumure minérale vulgarisée. La forte dose Q + Q/2 influence négativement la croissance et le développement de l'aubergine. Ceci pourrait être lié à une toxicité du milieu. Des résultats obtenus en milieu paysan et en milieu contrôlé, il ressort que la faible dose d'urines Q/2 (17185 litres ha^{-1}) est la dose optimale agronomique car représente une faible quantité, est sans effet néfaste sur la reprise des plants et permet une meilleure production.

La dilution est impérative pour la valorisation des urines comme sources de nutriments. Elle atténue les effets toxiques des urines, en améliorant le pH et la nitrification de l'azote ammoniacale. Cette phase de dilution doit être prise en compte avec beaucoup de sérieux afin d'éviter les cas de brûlures des plants et de rendre plus aisée l'épandage des urines en atténuant les mauvaises odeurs. La dilution au moment de la collecte permettrait d'alléger la tâche à l'épandage.

CONCLUSION GENERALE / RECOMMANDATIONS

Cette étude a permis d'aborder la question liée à la valorisation agronomique des excréta humains, précisément dans le contexte agro-écologique du centre du Burkina Faso. Les méthodes utilisées aussi bien en milieu paysan qu'en milieu contrôlé ont permis de dégager les conclusions suivantes :

Les excréta humains sont très riches en nutriments et permettent d'obtenir des rendements compétitifs à ceux obtenus avec la fumure minérale en culture maraîchère et céréalière. En culture d'aubergine, les urines sont efficaces à une dose de 17185 litres ha^{-1}. En culture de maïs, les urines ne sont efficaces qu'à une dose forte de 61110 litres ha^{-1}, alors que les fèces sont efficaces à une dose de 980 kg ha^{-1}. La combinaison des urines aux fèces donne les meilleurs rendements du maïs car les urines rendraient plus disponible le P des fèces par solubilisation. La formule en ce moment pour le maïs (et les céréales de façon générale) serait : 490 kg fèces ha^{-1} au labour et 20370 litres urines ha^{-1} en fin de montaison.

Les urines n'améliorent pas de façon remarquable le stock d'éléments nutritifs du sol et son acidité, malgré leur pH basique. Les fèces par contre peuvent être utilisés comme amendement, les urines comme engrais d'entretien.

Les éléments nutritifs des excréta humains sont facilement utilisables par les plantes. En effet, le taux de recouvrement de l'azote des urines est plus élevé que celui de la fumure minérale. La combinaison des urines aux fèces permet un meilleur taux de recouvrement du phosphore.

La valorisation agronomique des urines nécessite impérativement une dilution à 100 % avec de l'eau. La dilution diminue les odeurs et évite les brûlures des plants en améliorant le pH et la formation de l'azote nitrique. On peut envisager la dilution au moment de la collecte pour faciliter l'épandage.

Les excréta humains sont une source importante d'éléments nutritifs et peuvent être utilisés pour élever la productivité de nos sols qui sont pauvres en nutriments majeurs. Les fèces par leur richesse surtout en phosphore (8 fois plus riche que le fumier) peuvent pallier la carence en cet élément constatée dans nos sols. En raison de leur valeur agronomique très élevée, les fèces permettent de réduire les doses de matière organique (fumier et compost) à apporter. Ce qui facilite du même coup le transport au champ et résoudre le problème de la non disponibilité du fumier. En exemple, à la dose de 6 t de fumier / ha recommandée pour la production du maïs au Burkina Faso, on a l'équivalent de moins d'une tonne de fèces / ha (980 kg / ha).

La valorisation agronomique des excréta humains présente un intérêt double. Non seulement elle permet d'améliorer la productivité de l'agriculture, mais aussi leur collecte assainit le milieu et améliore le cadre de vie des populations. Les populations, surtout vivant en zone rurale sont plus vulnérables aux maladies liées au manque d'hygiène, ce qui entrave leur revenu et constitue du même coup un obstacle au développement de l'agriculture.

Dans le souci d'une agriculture durable, d'une amélioration du cadre de vie des populations pour un développement rural durable, les conclusions de cette étude peuvent être intéressantes. Cependant, des investigations doivent se poursuivrent afin de :

> ➢ étudier les possibilités d'utilisation des excréta humains comme substrat de compostage et les expérimenter aussi pour la solubilisation des phosphates naturels ;
>
> ➢ étudier la combinaison des urines à l'engrais minéral (urée et NPK) pour pallier aux éventuels problèmes de disponibilité des urines en quantité suffisante ;
>
> ➢ étudier la valeur nutritionnelle des produits récoltés et l'impact des excréta humains sur la microbiologie du sol ;
>
> ➢ déterminer le coût de production avec les excréta humains ;
>
> ➢ l'homme étant au centre de toute action de développement, il doit être pris en compte dans la recherche ; pour ce faire, il faut évaluer le degré d'acceptabilité des principes et dimensions de ECOSAN en approfondissant l'approche sociologique ;

➤ reconduire l'expérimentation sur les mêmes parcelles afin de connaître les effets à long terme et les arrières effets des excréta humains sur les sols cultivés.

Bibliographie

Adissoda Y., Guillibert P., oldenburg M. 2004. Assainissement Ecologique : mode d'emploi. www/2.gtz.de/ecosan/download : benin-mode d'emploi.pdf. Consulté en mars 2005.

Afnor. 1981. Détermination du pH. (association française de normalisation) NF ISO 103 90. In : AFNOR *Qualité des sols*, Paris, 339-348.

Bacyé B. 1993. Influence des systèmes de culture sur l'évolution du statut organique et minéral des sols ferrugineux et hydromorphes de la zone soudano-sahélienne (Province du Yatenga, Burkina Faso). Thèse doctorat, université d'Aix Marseille III. 243p.

Bacyé B. et Moreau R. 1993. Evolution du statut organique et du pouvoir minéralisateur des sols cultivés dans une région semi-aride (Province du Yatenga au Burkina Faso). Actes du premier colloque international Ouagadougou du 6 au 10 décembre 1993 : 219-225.

Bado B.V. 1994. Modification chimique d'un sol ferralitique sous l'effet de fertilisants minéraux et organiques: conséquences sur les rendements d'une culture continue de maïs. 57p.

Bado B.V., Sedogo M.P., Cescas M.P., Lompo F., Bationo A. 1997. Effets à long terme des fumures sur le sol et les rendements du maïs au Burkina Faso. *Agricultures. Vol. 6 N°6* : 571-575.

Bationo A., Mokwunye A.U. 1991. Role of manures and crop residue in alleviating soil fertility constans to crop production with special reference to the

Sahelian and Sudanian zones of west africa. *Kluwer Academic Publishers*: 217-225.

Bélanger G., Gastral F., Warembourg F. 1994. Carbon balance of tall fescue (*Festuca arundinacea Schreb*): effects of nitrogen fertilisation and the growing season. *Annals of Botang, 74*: 653-659.

Bélem J. 1990. Effets de l'enrichissement carboné et du type de plateau multicellulaire sur la croissance et la productivité de transplants de légumes de champs. Grade Maître ès Sciences. Université de Laval. 67p.

Björn V., Hokan J., Era S., Anna R.S. 2004. Tentative guidelines for agricultural use of urine and feaces. *Ecosan-Glosing the loop*: 101-108.

Bonzi M. 1989. Etudes des techniques de compostage et évaluation de la qualité des compost : effets des matières organiques sur les cultures et la fertilité des sols. Mémoire de fin d'études IDR, université de Ouagadougou. 66p.

Bonzi M. 2002. Evaluation du bilan de l'azote en sols cultivés du centre Burkina Faso : Etude par traçage isotopique ^{15}N au cours d'essais en station et en milieu paysan. Thèse Docteur, INPl. 177p.

Bonzi M., Lompo F., Sedogo M.P. 2004. Effet de la fertilisation minérale et organo-minérale du maïs et du sorgho en sol ferrugineux tropical lessivé sur la pollution en nitrates des eaux. Communication à la 6è édition du FRSIT, Ouagadougou, Burkina Faso ; 18pp ; (Lauréat du Prix du Groupe ETSHER/ EIER).

Bonzi M. et Koné A. 2004. Techniques d'utilisation des urines humaines comme engrais azoté pour les cultures maraîchères, fiche technique.

BUNASOLS, 1990. Manuel d'évaluation des terres. Document technique : 110-118.

Compaoré E., Sedogo P.M. 2002. Influence des pratiques agricoles sur la fertilité phosphorique dans les sols du Burkina Faso. *Communication FRSIT du 11au 18 mai 2002* : 173-180.

CREPA. 2003. Projet de recherche sur l'Assainissement Ecologique. 31p.

CREPA. 2004. Programme régional Assainissement Ecologique. 18p.

Duthil J. 1973. Eléments d'écologie et d'agronomie, éditions J.B. Ballière, tome 3. 656p.

Esray S.A., Jean G., Dare R., Ron S., Mayling S. H., Jeorje V. 2001. Assainissement Ecologique éd Winblad. 91 p.

FAO. 2004. Use of phosphate rocks for sustainable agriculture. *Bulletin FAO fertiliser and plants nutrition n° 13*. 148p.

Francey R., Pickard J., Reed R. 1995. Guide de l'assainissement individuelle. OMS, Genève. 221p.

Ganry F. 1990. Application de la méthode isotopique à l'étude des bilans azotés en zone tropicale sèche. Thèse Sciences naturelles, université de Nancy I.354p.

Godefroy J. 1979. Composition de divers résidus organiques utilisés comme amendement organo-minéral, *fruits,oct.1979,vol. 34, n°10* : 579-584.

Gonidanga S.B., Amah K., Adrien A., Cheik T. 2004. Etude du processus d'hygiénisation des urines en vue d'une utilisation saine en agriculture. Communication au premier forum du réseau CREPA (2004) : 39-40.

Guinko S. 1984. Végétation de la Haute Volta. Thèse de Doctorat d'Etat Sciences Naturelles. Université de Bordeaux III. 318p.

Guiraud G. 1984. Contribution du marquage isotopique à l'évaluation des transferts d'azote entre les compartiments organiques et minéraux dans les systèmes Sol-Plante. Thèse de Doctorat ès Sciences Naturelles, Université P. et M. Curie, Paris VI. 335p.

Hien V. 1990. Pratiques culturales et évolution de la teneur en azote organique utilisable par les cultures dans un sol ferralitique du Burkina Faso, Thèse docteur, INPL. 149p.

Kambiré S. H. 1994. Systèmes de culture paysan et productivité des sols ferrugineux lessivés du plateau central (Burkina Faso) : effets des restitutions organiques. Thèse doctorat troisième cycle, université de Dakar. 188p.

Kirchmann H., Petterson S. 1995. human urine-chemical composition and fertiliser use efficiency. *Fertilising Resarch. 40: 149-154.*

Lebot J., Andriolo J.L., Garyc, Adamowiczs, Robin P. 1997. Dynamics of N accumulation and growth of tomato plants in hydroponics: an analysis of vegetative and finit compoartiments. *Colloques INRA* : 121-139.

Lompo F. 1993. Contribution à la valorisation des phosphates naturels du Burkina Faso : études des effets de l'interaction phosphates naturels-matières organiques. Thèse Docteur Ingénieur. Université nationale de Côte d'Ivoire. 249p.

Morel R. 1996. Les sols cultivés, 2e édition Lavoisier. 389p.

Mustin M. 1987. Le compost : gestion de la matière organique. Ed francois Dubusc. 954p.

Niang Y. 2004. Amélioration du rendement de la tomate par l'utilisation des urines comme source de fertilisation. Communication au premier forum du réseau CREPA : 35.36.

Novozansky I. V. J. G. Houba, Van eck R. and w. van vark., 1983. " A novel digestion technique for multi-element analysis". *Commun. Soil Sci. Plant Anal. 14p* 239-249.

Ouattara K. 2000. Comportement hydrodynamique des sols ferrugineux tropicaux sous les effets du travail du sol et des apports de la matière organique. Mémoire DEA, option pédologie, univ de Cocody. 61p.

Pichot J., Sedogo M.P., Poulain J.F. 1981. Evolution de la fertilité d'un sol ferrugineux tropical sous l'influence des fumures minérales et organiques. *Agronomie tropicale N° 36* :122-133.

Pieri C. 1989. Fertilité des terres de savane. Bilan de trente années de recherche et de développement agricole au sud du sahara. Ministère de la coopération-IRAT/CIRAD. 444p.

Schow N.L., Danteravanich S., Mosbaek H., Tejell J.C. 2002. Composition of human excreta- a case study from southern Thailand. *The science of environment 286 (2002)* : 155-166.

Sedogo P.M. 1993. Evolution des sols ferrugineux lessivés sous culture: incidence des modes de gestion sur la fertilité. Thèse doctorat, université nationale de côte d'ivoire. 329p.

Sedogo, P.M. 1981. Contribution à l'étude de la valorisation des résidus culturaux en sol ferrugineux et sous climat tropical semi-aride. Matière organique du sol, nutrition azotée des cultures. Thèse Docteur Ingénieur, INPL NANCY. 135p.

Singare B. 2002. Assainissement Ecologique en milieu sahélien : cas du village de Sabtenga. Mémoire de fin d'études EIER. 94p.

Walkley A. & Black J. A. 1934. An examination of the Detjareff method for determining soil organic matter and a proposed modification of the chromatic acid titration method. Soil Science 37, 29-38.

Walinga I., Van Vark W., Houba V. J. G. et Van der Lee J. J., 1989. Plant analysis procedures. Dpt. Soil Sc. Plant Nutr. Wageningen Agricultural University. Syllabus, Part 7 : 197-200.

Oui, je veux morebooks!

i want morebooks!

Buy your books fast and straightforward online - at one of world's fastest growing online book stores! Environmentally sound due to Print-on-Demand technologies.

Buy your books online at
www.get-morebooks.com

Achetez vos livres en ligne, vite et bien, sur l'une des librairies en ligne les plus performantes au monde!
En protégeant nos ressources et notre environnement grâce à l'impression à la demande.

La librairie en ligne pour acheter plus vite
www.morebooks.fr

 VDM Verlagsservicegesellschaft mbH
Heinrich-Böcking-Str. 6-8   Telefon: +49 681 3720 174   info@vdm-vsg.de
D - 66121 Saarbrücken   Telefax: +49 681 3720 1749 www.vdm-vsg.de

Printed by Books on Demand GmbH, Norderstedt / Germany